广东省 BIM 应用发展报告(2022 版)
——广东省第四届 BIM 应用大赛分析

广东省建筑科学研究院集团股份有限公司　主编

华中科技大学出版社
http://press.hust.edu.cn
中国·武汉

图书在版编目(CIP)数据

广东省 BIM 应用发展报告:2022 版:广东省第四届 BIM 应用大赛分析/广东省建筑科学研究院集团股份
有限公司主编. —武汉:华中科技大学出版社,2024.3
ISBN 978-7-5772-0404-8

Ⅰ.①广… Ⅱ.①广… Ⅲ.①建筑设计-计算机辅助设计-应用软件-研究 Ⅳ.①TU201.4

中国国家版本馆 CIP 数据核字(2024)第 039423 号

广东省 BIM 应用发展报告(2022 版)
——广东省第四届 BIM 应用大赛分析　广东省建筑科学研究院集团股份有限公司　主编
Guangdong Sheng BIM Yingyong Fazhan Baogao(2022 Ban)
——Guangdong Sheng Di-si Jie BIM Yingyong Dasai Fenxi

策划编辑：李国钦　何臻卓
责任编辑：周怡露
封面设计：原色设计
责任监印：曾　婷
出版发行：华中科技大学出版社(中国·武汉)　　电话：(027)81321913
　　　　　武汉市东湖新技术开发区华工科技园　　邮编：430223
录　　排：华中科技大学惠友文印中心
印　　刷：广东虎彩云印刷有限公司
开　　本：787mm×1092mm　1/16
印　　张：11.5
字　　数：287 千字
版　　次：2024 年 3 月第 1 版第 1 次印刷
定　　价：128.00 元

本书编委会

主　编：

陈少祥

副主编：

李　健　　吴瑜灵　　张国真　　黄薇薇　　罗振城　　许锡雁　　朱彩虹
马　扬

参　编：

刘　杰	陈　燃	洪冬明	林艾嘉	程　瀛	黄斯导	郭东彬
宋树全	曹剑锋	张国章	肖金水	刘子恒	邱佐军	温锦成
吕　冬	陈　竑	朱俊乐	王泉烈	伏焕昌	陈龙伟	方炳亮
林少鹏	王远利	严志涛	李彦霏	甘金义	张　亮	何建忠
吴　花	王宏宝	傅　楠	朱臻贤	李　仲	吴钊泽	吴伦敬
丘学意	徐　来	罗健福	罗　志	曹森方	廖　言	李思燕
陈昭源	曾　阳	彭宇翔	蔡蕊阳			

主编单位：

广东省建筑科学研究院集团股份有限公司

参编单位：

广东省 BIM 技术联盟

广东建科创新技术研究院有限公司

广东省建筑业协会

广东省工程勘察设计行业协会

广东省工程造价协会

广东省市政行业协会

广东省建设科技与标准化协会

广东省建筑工程集团控股有限公司

广州元筑建设科技有限公司

广东省代建项目管理局

深圳市斯维尔科技股份有限公司

奥格科技股份有限公司

广州理工学院

广州珠江外资建筑设计院有限公司

广州一建建设集团有限公司

中国建筑第三工程局有限公司

广东建拓工程技术信息咨询有限公司

中新广州知识城财政投资建设项目管理中心

东莞松山湖高新技术产业开发区建设工程质量安全监督站

广东聚源建设集团有限公司

中国建筑第八工程局有限公司

序

当前,中国正处于数字经济和传统产业深度融合的发展阶段,在数字化转型的大潮下,我国建筑行业也在发生深刻变革。2022年住建部(住房和城乡建设部)发布《"十四五"建筑业发展规划》和《"十四五"住房和城乡建设科技发展规划》,明确"十四五"建筑行业发展的战略方向,对建筑工业化、数字化、智能化提出要求。建筑与数字技术融合应用,已成为行业数字化转型升级的核心动力。

以 BIM、云计算、大数据、人工智能等为代表的数字化技术,为建筑行业突破传统模式带来机遇。在初级阶段,基于 BIM 实施的工程项目建设和管理,实现了项目级的数字化,大幅度提高工程管理效率,促进粗放式、劳动密集型的工程建设模式向精细化、技术密集型转变。而后,在项目数字化基础上,企业数字化转型升级具备可能性。以数字化平台为载体,综合运用 BIM、ERP、物联网等数字化技术,打通企业各层级的信息流,从而实现企业一体化和智能化管理。企业数字化构成建筑行业数字化的基本单元,如何从行业体制、环境、组织流程、管理模式等全方位打造建筑行业数字化生态系统,成为当前亟待解决的难题。

时至今日,我国从宏观政策引导到建筑行业探索实践,数字化进程取得较大进步。本书展示广东省近年 BIM 技术应用发展的最新成果,通过翔实的大赛数据、典型案例,了解广东省数字化建设的情况和成功经验。广东省是我国建筑大省,积极向"建筑强省"迈进,在智能建造等方面不断取得新成效,建筑工业化、数字化、智能化持续升级。

实现数字化赋能建筑产业转型升级,是我国建筑行业的长期重任。广东省将继续发扬积极探索、大胆创新的精神,在"数字中国 数字广东"的历史发展中,为全国做出示范。

2023 年 6 月

前　言

　　广东省作为中国建筑大省,建筑产业发展一直走在中国的前列。从 2014 年广东省住建厅(住房和城乡建设厅)发布《关于开展建筑信息模型 BIM 技术推广应用工作的通知》开始,广东省在工程建设数字化、信息化推广方面采取了很多措施,取得了显著成效。尤其在 2021年广东省住建厅关于印发《广东省建筑业“十四五”发展规划》的通知中,明确指出推广智能建造、新型建筑工业化、绿色建造等新型建造方式,提升广东省建筑产业现代化水平。

　　在此背景下,广东省建筑行业经历多年 BIM 技术推广和深化,涌现大批应用 BIM 及相关数字化技术的成功案例,对广东建筑数字化发展起到积极作用。广东省 BIM 技术联盟由广东省住建厅指导,从 2015 年开始举办广东省 BIM 技术应用大赛,为广大建筑行业相关企业、个人提供高水平的数字技术交流平台。该比赛反映了广东省建筑行业从初期探索发展到现今的技术创新,通过统计数据有力说明其建筑产业数字化的快速转型。本书基于近十年的工程 BIM 推广成果,全面总结广东省工程建设领域围绕 BIM 所呈现的变化,深入剖析数字化技术与建筑产业融合的影响因素以及未来的发展趋势。

　　本书还选取优秀工程案例,较为详尽地介绍广东省建筑信息化发展部分成果创新点、亮点,案例包括世界气象中心(北京)粤港澳大湾区分中心 EPC 项目 BIM 正向设计,基于 BIM技术的信息化管理在广州国际文化中心超高层项目中的应用,BIM 技术助推佛山粤剧院项目施工精细化管理,BIM 技术助力仲恺群益智能制造产业项目高效智慧建造,广东省中医院南沙医院项目施工 BIM 技术综合应用,广东美术馆、广东非物质文化遗产展示中心、广东文学馆“三馆合一”项目 EPC 模式下的 BIM 应用。由于篇幅受限,本书难以将每个案例项目的方方面面为读者展现出来,但是相信选取的创新技术点能为大家带来有益的参考,也能使大家对广东省建筑行业在国家和省政策引导下数字化建设的情况有较为清晰的了解。

　　最后要感谢广东省住建厅的大力支持,在广东省 BIM 技术联盟和广东省同行们的努力下,本书得以完成。本书将鞭策我们在工程建设数字化转型升级的道路上,积极创新、勇于实践,共同取得更大的进步。

本书编委会

2024 年 1 月

目　录

上篇　广东省 BIM 应用情况分析

下篇 广东省 BIM 应用实践展示

上篇
广东省 BIM 应用情况分析

第1章 广东省建筑业 BIM 推广情况

1.1 总 体 概 况

2011 年,住建部发布了《2011—2015 年建筑业信息化发展纲要》,旨在推动建筑行业信息化进程。该纲要强调了新技术在工程中的应用,特别是建筑信息模型(building information modeling,BIM)和基于网络的协同工作等方面。2015 年,住建部又发布了《关于推进 BIM 技术在建筑领域内应用的指导意见》,明确了"BIM+"的一体化集成应用发展目标。这一指导意见进一步扩大了 BIM 技术在建筑领域的应用,并提出了更高的要求。为了满足发展要求,与 2011 年的《2011—2015 年建筑业信息化发展纲要》相比,2016 年发布的《2016—2020 年建筑业信息化发展纲要》强调应着力增强 BIM、大数据、智能化、移动通信、云计算、物联网等信息技术的集成应用能力。随着住建部在不同时期发布的一系列指导意见和纲要,建筑行业信息化发展的方向和目标逐渐明确。

在政策推进方面,各省市的进展存在差异。2014 年,广东省和上海市率先出台了与 BIM 相关的政策和文件,在全国范围内引起了广泛的关注。2016 年是 BIM 技术在更多地区推广的关键一年。广西壮族自治区、湖南省、黑龙江省、重庆市、浙江省、云南省、天津市、江苏省以及安徽省相继跟上 BIM 技术的发展步伐,出台了相关的政策和措施,为 BIM 技术在工程建设中的推广创造了有利条件。2017 年,贵州省、吉林省、江西省、河南省、武汉市也相继发布了 BIM 政策文件。这些政策文件反映出各地对 BIM 技术应用的重视程度,并提供了更具体的指导和支持。

2014 年 12 月,广东省住建厅根据广东省 BIM 技术发展现状和进程,发布了《关于开展建筑信息模型 BIM 技术推广应用工作的通知》,着手启动 BIM 项目建设、标准体系和技术共享平台建设等工作。其中,广州和深圳等城市积极响应并跟进,出台了一系列如制定 BIM 实施指南、推广使用 BIM 技术的合同条款、建设 BIM 技术培训体系等方面政策文件,为 BIM 技术在广东省的推广和应用提供了有力的支持。广东省以积极的态度和有力的举措,成为全国 BIM 技术应用的先行者。

广东省的政策文件对 BIM 技术应用的推广发挥了重要作用。自 2012 年起,设计单位、政府机构、行业协会和 BIM 咨询公司开始重视 BIM 的应用价值和意义。最初,BIM 技术主要应用于大型公共建筑项目,如地铁、高速公路和大型商场等。随着 BIM 技术不断发展和普及,其应用范围逐渐扩大至住宅建筑、市政工程和水利工程等领域。值得一提的是,近几年,大型工程项目在广东省全面实施 BIM 技术应用,并将工程项目 BIM 模型导入可视化城市空间数字平台,这一举措的目的是将 BIM 技术与智慧城市建设相结合,通过数字化平台的应用,实现对城市空间的可视化管理和分析。

目前,广东省的广州和深圳呈现出较好的发展态势,而东莞、佛山、中山以及其他城市的发展相对滞后。大型建筑施工企业,尤其是国有企业,在 BIM 技术的应用方面表现出较大的热情。预计在未来,其他城市也将逐步加大对 BIM 技术的投入。随着城市规模的扩大和建设项目的增多,BIM 技术的需求将逐渐增加,广东省内的 BIM 技术应用将逐渐趋于均衡和全面发展,这为广东省的建筑行业和城市发展带来更多机遇。

1.2　BIM 应用现状与问题

1.2.1　BIM 在广东省的应用

在美国及欧洲一些国家,应用 BIM 技术的工程项目数量早已超过传统施工项目。相比之下,我国的 BIM 技术起步较晚。2011 年 5 月发布的《2011—2015 年建筑业信息化发展纲要》是我国为推动 BIM 技术发展制定的第一个重要政策文件。2014 年,广东省住建厅发布了《关于开展建筑信息模型 BIM 技术推广应用工作的通知》,这是广东省根据地方 BIM 技术发展现状,为推动广东省的 BIM 技术发展而采取的首次积极尝试。

广东省内各类 BIM 咨询公司、培训机构、政府部门和行业协会越来越重视 BIM 应用的价值和意义。国家和地方都举办了各种 BIM 发展技术论坛、BIM 主题研讨会和 BIM 建筑设计大赛等活动,并且在政府的支持和推动下,业主对 BIM 的认识也大大提高。总体而言,广东省内 BIM 技术应用主要集中在设计单位,而在施工单位的应用相对较少。尽管广州、深圳、佛山等地方政府以及中国工程建设标准化协会和企业纷纷制定了 BIM 地方标准、BIM 团体标准和 BIM 企业标准,并取得了不错的成效,但一些中小型公司采用 BIM 仅仅是为了满足政策要求或提高设计服务的竞争力和附加值。从应用范围和应用深度来看,广东省的 BIM 技术应用尚处于起步后快速发展的阶段,但 BIM 技术必将逐步深入建筑行业的各个领域。

1.2.2　广东省"BIM+"发展现状

"BIM+"是将 BIM 技术与其他技术、软件和工具结合,以更高效、更全面地实现建筑项目管理和运营的目标。这些其他技术包括物联网、虚拟现实、人工智能、区块链和机器学习等。通过不断推动"BIM+"的发展,建筑行业正在经历数字化转型和智能化发展,从而提高建筑项目的质量、安全和可持续性,并降低建筑运营成本。

在广东省,推广"BIM+"已成为建筑行业数字化转型的重要举措。广东省政府已制定一系列政策,鼓励和支持建筑行业应用和推广 BIM 技术,以促进行业转型升级。在建筑企业,BIM 技术开始与其他技术结合,例如与物联网相结合,实现建筑设备的智能化管理,与虚拟现实技术结合,实现建筑模型的可视化展示和更直观的交互式沟通;与人工智能相结合,自动处理和分析建筑项目数据,提高项目管理的效率和准确性;与区块链相结合,实现建筑项目数据的安全存储和共享,保障数据的安全性和完整性。

然而,在一些中小型企业中,BIM 技术的应用普及率仍不高。这也表明,在大数据、人工智能等技术的推动下,广东省的 BIM 应用仍面临一些挑战和机遇,需要进一步推广和完善。

1.2.3　广东省 BIM 应用问题

广东省政府已经颁布了一系列政策文件,以规范和促进 BIM 技术的应用。换句话说,省级层面的 BIM 应用环境是企业采用 BIM 的指导方针,然而,BIM 应用环境仍然不够成熟。要进一步推动广东省内的 BIM 技术发展,激发各类企业采用 BIM 技术的积极性,现有的建筑行业体系、省内标准和规范有待调整。

1. BIM 及 BIM 投资成本收益认识较浅

在传统设计中,虽然专业协调工作量大、设计成本高等给施工带来困难,甚至导致返工,但是,人工和场地的施工成本相对较低,解决设计缺陷引起的工程问题成本也较低。正因如此,行业和市场对传统设计相对宽容。

尽管 BIM 技术在广东省内已经得到了广泛普及,尤其是在设计咨询类企业中,管理者在一定程度上了解 BIM 的优势和发展趋势,但考虑到潜在风险和短期效益的不足,对于 BIM 的应用仍然持犹豫不决的态度。其中部分原因是现有政策未能有效传达 BIM 应用的实际效益。只有改变企业对 BIM 的片面观念,才能在广东省建筑行业中实现广泛的 BIM 应用。

2. 技术指南和数据标准缺失

目前,在广东省内,尽管部分城市已发布了许多 BIM 地方标准,例如深圳市已发布了近30 项涵盖设计、应用和交付等各个阶段以及专业细分的地方标准,但在广东省乃至国家层面,仍然缺乏有效的省级和国家级标准。在 BIM 数据存储交换、BIM 实施和 BIM 应用评价等方面,仍存在不完善的情况。目前只有设计阶段、施工阶段和运维阶段的数据实现共享和交互,才能真正实现 BIM 技术的价值。因此,需要在广东省乃至全国范围内建立更加完善和统一的标准体系,以促进 BIM 技术的全面应用。

3. BIM 人才缺失

BIM 技术是一项相对较新的技术。在过去几年里,对 BIM 有一定了解的行业人员数量有了显著增加,但能够在实践中熟练应用 BIM 技术的专业人员并不多见。此外,目前广东省在 BIM 专业人才培养方面的政策还不足,这导致专业人才的短缺在一定程度上阻碍了广东省 BIM 应用的发展。

4. 应用成本较高

目前,现有政策仅仅提及了对 BIM 技术应用的要求,缺乏具体的支持性政策。在广东省内,关于 BIM 的政策很少提及对采用 BIM 的企业提供补贴或税收优惠的措施。然而,BIM 应用涉及 BIM 软件的购买、硬件的更新以及相关人员的培训等,这些因素都会进一步增加 BIM 应用的成本。对于中小型企业而言,它们可能不愿意承担这些费用。目前,企业必须自行承担 BIM 技术应用投资的盈亏风险,这严重影响了广东省内各类企业应用 BIM 技术的积极性。

5. BIM 相关法律界限不明确

BIM 技术的应用不仅仅是技术创新,更是对工程项目模式的改变。目前,针对 BIM 的合同条款、法律法规以及相关责任的界定还不明确,存在一定模糊性。在过去,业主、设计单位和施工单位可以在工程全生命周期中分阶段开展各自的工作,然而 BIM 技术的应用使得工程建设过程中的时间界限变得模糊不清。同时,在施工中采用 BIM 技术时,设计师、承包商和项目管理部门之间的法律责任界限也没有明确定义。因此,与 BIM 相关的纠纷、索赔、保险、合同等法律问题应在相关政策中得到明确规范。

1.3　BIM 政策规划

为了促进建筑行业的数字化转型和持续升级,广东省政府及相关行政管理机构近年来越发重视 BIM 技术的发展,建立并完善了 BIM 技术应用的政策体系。在市级层面,已颁布并实施了 30 多项与 BIM 相关的政策文件,涵盖了 BIM 计价规则及试点示范项目的开展、设备管理、建模、应用与交付等方面,从而规范了 BIM 行业的执行标准。

"十二五"规划期间(2011—2015 年),住建部及相关协会、学会等组织机构发布的 BIM 技术相关政策主要涉及《2011—2015 年建筑业信息化发展纲要》《2012 年工程建设标准规范制订修订计划》《住房和城乡建设部工程质量安全监管司 2013 年工作要点》《住房和城乡建设部工程质量安全监管司 2014 年工作要点》《住房城乡建设部关于推进建筑业发展和改革的若干意见》《2015 年工程建设标准规范制订、修订计划》《住房城乡建设部关于印发推进建筑信息模型应用指导意见》等。在此期间,住建部首次提出"BIM"这一概念,强调了信息化技术在工程建设领域的重要性,明确了具体推进目标:到 2020 年末,建筑行业甲级勘察、设计单位以及特级、一级房屋建筑工程施工企业应掌握并实现 BIM 与企业管理系统和其他信息技术的一体化继承应用。

"十三五"规划期间(2016—2020 年),住建部及相关协会所发布的涉及 BIM 技术的政策主要包括《2016—2020 年建筑业信息化发展纲要》《工程造价事业发展"十三五"规划》《住房和城乡建设部工程质量安全监管司 2018 年工作要点》等。在此期间,住建部着眼于建筑行业的转型升级,着重强调要增强 BIM、物联网、大数据和云计算等信息技术集成应用能力以及完成一体化监管平台体系初步建设工作。

2020 年至今,广东省发布的 BIM 相关主要政策文件如表 1-1 所示。

表 1-1　广东省 BIM 政策文件

机　　构	时　　间	规划、重点内容及目标
广东省 人民政府 办公厅	2021 年 4 月	发布《广东省数字政府改革建设 2021 年工作要点》。 出台推进建筑信息模型(BIM)技术应用的指导意见,加强城市信息模型(CIM)平台标准体系研究
	2021 年 4 月	发布《2021 年广东省推进政府职能转变和"放管服"改革重点工作安排》。 建设全省统一的基于建筑信息模型(BIM)技术的房屋建筑和市政基础设施工程设计文件管理系统,推进该技术在工程设计、施工图审查等领域的应用

机　　构	时　　间	规划、重点内容及目标
广东省 人民政府 办公厅	2021 年 5 月	发布《广东省数字政府省域治理"一网统管"三年行动计划》。 到 2023 年各地建筑信息模型(BIM)和城市信息模型(CIM)基础平台基本建成
	2021 年 11 月	发布《广东省绿色建筑条例》。 鼓励新建民用建筑项目在设计、施工和运行管理中推广应用建筑信息模型技术。国家机关办公建筑、国有资金参与投资建设的其他公共建筑应当采用建筑信息模型技术
	2021 年 8 月	发布《广东省促进建筑业高质量发展的若干措施》。 加大建筑信息模型(BIM)、互联网、物联网、大数据、云计算、人工智能、区块链等新技术在建造全过程的集成应用力度。国家机关办公建筑、国有资金参与投资建设的其他公共建筑全面采用 BIM 技术。发展 BIM 正向设计,推进城市信息模型(CIM)基础平台建设,推动 BIM 技术和 CIM 基础平台在智能建造、城市体检、建筑全生命周期协同管理等领域的深化应用
广东省住房和城乡建设厅等 15 个部门	2022 年 1 月	发布《广东省住房和城乡建设厅等部门关于推动智能建造与建筑工业化协同发展的实施意见》。 关于 BIM 技术方面,在重点任务中强调要发展数字设计,推进 BIM 技术全过程应用,提升 BIM 设计协同能力,构建数字化设计体系
广东省住房和城乡建设厅	2022 年 3 月	发布《"十四五"住房和城乡建设科技发展规划》。 到 2025 年,住房和城乡建设领域科技创新能力大幅提升,科技创新体系进一步完善,科技对推动城乡建设绿色发展、实现碳达峰目标任务、建筑业转型升级的支撑带动作用显著增强
	2022 年 3 月	发布《"十四五"建筑节能与绿色建筑发展规划》。 加强制度建设,鼓励利用城市信息模型(CIM)基础平台,建立城市智慧能源管理服务系统。逐步建立完善合同能源管理市场机制,提供节能咨询、诊断、设计、融资、改造、托管等"一站式"综合服务
	2022 年 6 月	发布《广东省住房和城乡建设厅关于开展智能建造项目试点工作的通知》。 开展智能建造项目试点工作。鼓励在数字设计、智能生产、智慧绿色施工、建筑产业互联网、建筑机器人等智能建造技术有突出应用的项目进行申报。遴选智能建造试点城市,探索建筑信息模型(BIM)报建审批和 BIM 审图,完善工程建设数字化成果交付、审查和存档管理体系,支撑对接城市信息模型(CIM)基础平台

续表

机　　构	时　　间	规划、重点内容及目标
广东省住房和城乡建设厅	2022 年 7 月	发布《广东省住房和城乡建设厅等部门关于加快新型建筑工业化发展的实施意见》。 明确了 2022—2025 年发展的主要目标和远期（2030 年）发展目标。明确了新型建筑工业化发展的目标，BIM 正向设计、装配式建筑、信息化技术等领域不断扩大规模。其中重点加快信息技术融合发展，推广建筑信息模型技术，发展智能建造技术
深圳市住房和城乡建设局	2021 年 10 月	发布深圳市《关于加快推进建筑信息模型（BIM）技术应用的实施意见（试行）》。 要求建立健全 BIM 技术应用标准体系，加大自主知识产权软件系列的研发应用，推动在房屋建筑、市政基础设施、水务工程等领域采用 BIM 报批报建，在重点区域率先开展 BIM 技术全面深度应用，加强 BIM 与 CIM 对接，着力构建高质量的智慧城市数字底座
	2022 年 6 月	发布《关于支持建筑领域绿色低碳发展若干措施》。 通过鼓励建筑信息模型（BIM）技术示范应用，大力发展以装配式建筑为核心的新型建筑工业化，加强装配式建筑项目创新示范，推动超低能耗建筑项目建设，鼓励开展先进标准集成应用项目建设等措施。对 BIM 信息技术、装配式建筑予以支持，积极开展智慧城市典型场景应用
广州市城市信息模型（CIM）平台建设试点工作联席会议办公室	2019 年 12 月	发布《广州市城市信息模型（CIM）平台建设试点工作联席会议办公室关于进一步加快推进我市建筑信息模型（BIM）技术应用的通知》。 坚持科技进步和管理创新相结合，普及和深化 BIM 技术在建设项目全周期的应用，发挥其可视化设计、虚拟化施工、协同管理、提高质量的优势
广州市人民政府办公厅	2019 年 12 月	发布《关于进一步加快推进我市建筑信息模型（BIM）应用的通知》。 明确了自 2020 年 1 月 1 日起，采用 BIM 技术的工程范围及要求。明确了 BIM 技术应用费用按照《广东省建筑信息模型（BIM）技术应用费用计价参考依据（2019 年修正版）》计算确定。明确了投资、规划、建设等相关主管部门对采用 BIM 技术的建设工程在各阶段进行审核和监管的要求
广州市发展和改革委员会	2021 年 10 月	发布《广州市服务业发展"十四五"规划》。 全面推进广州市城市信息模型平台建设和建筑信息模型（BIM）技术应用，围绕智慧城市、智慧社区、智慧园区、智慧交通等重点领域，加快推进"新城建"项目实施

1.4 BIM 标准与指南

1.4.1 国家 BIM 标准与指南

国家 BIM 标准与指南见表 1-2。

表 1-2 国家 BIM 标准与指南

发布机构	时　间	名称与简介
住房与城乡建设部	2017 年 7 月	名称:《建筑信息模型应用统一标准》(GB/T 51212—2016)。 简介:主要包括总则、术语和缩略语、基本规定、模型结构与拓展、数据互用、模型应用和本标准用词说明
	2018 年 1 月	名称:《建筑信息模型施工应用标准》(GB/T 51235—2017)。 简介:主要包括总则、术语、基本规定、施工模型、深化设计、施工模拟、预制加工、进度管理、预算与成本管理、质量与安全管理、施工监理与竣工验收
	2018 年 5 月	名称:《建筑信息模型分类和编码标准》(GB/T 51269—2017)。 简介:主要包括总则、术语、基本规定和应用方法
	2019 年 6 月	名称:《建筑信息模型设计交付标准》(GB/T 51301—2018)。 简介:主要包括总则、术语、基本规定、交付准备、交付物和交付协同
	2019 年 6 月	名称:《建筑工程设计信息模型制图标准》(JGJ/T 448—2018)。 简介:主要包括总则、术语、基本规定、模型单元表达和交付物表达
	2019 年 10 月	名称:《制造工业工程设计信息模型应用标准》(GB/T 51362—2019)。 简介:主要包括总则、术语与代号、模型分类、工程设计特征信息、模型设计深度、模型成品交付和数据安全
	2022 年 2 月	名称:《建筑信息模型存储标准》(GB/T 51447—2021)。 简介:主要包括总则、术语与缩略语、基本数据框架、核心层数据模式、共享层数据模式、专业领域层数据模式、资源层数据模式和数据存储与交换
国家铁路局	2021 年 6 月	名称:《铁路工程信息模型统一标准》(TB/T 10183—2021)。 简介:主要包括总则、术语和缩略语、基本规定、信息模型创建、信息模型应用、协同工作和信息模型交付
国家能源局	2021 年 7 月	名称:《水电工程信息模型数据描述规范》(NB/T 10507—2021)。 简介:主要包括范围、规范性引用文件、术语和定义、水电工程信息模型数据描述体系结构、水电工程信息模型共享层数据模式、勘测领域数据模式、土建领域数据模式、机电及金属结构领域数据模式和监测领域数据模式

发 布 机 构	时　　间	名称与简介
中国民用航空局	2020 年 3 月	名称:《民用运输机场建筑信息模型应用统一标准》(MH/T 5042—2020)。 简介:主要包括总则、术语和缩略语、基本规定、模型架构、命名规则、模型要求、准备要求、建设过程应用、成果移交和运维阶段应用
交通运输部	2021 年 6 月	名称:《公路工程信息模型应用统一标准》(GB/T 2420—2021)。 简介:主要包括总则、术语、基本规定、模型架构、分类编码、数据存储和交付
	2021 年 6 月	名称:《公路工程施工信息模型应用标准》(JTG/T 2422—2021)。 简介:主要包括总则、术语、基本规定、模型要求、模型应用和交付
	2021 年 6 月	名称:《公路工程设计信息模型应用标准》(GB/T 2421—2021)。 简介:主要包括总则、术语、基本规定、模型要求、协同设计、应用和交付
	2019 年 12 月	名称:《水运工程信息模型应用统一标准》(JTS/T 198—1—2019)。 简介:主要包括总则、术语、基本规定、信息模型、协同、分类与编码、数据交换、交付和模型应用

1.4.2　广东省 BIM 标准与指南

广东省 BIM 标准与指南见表 1-3。

表 1-3　广东省标准与指南

发 布 机 构	时　　间	名称与简介
广东省住房和城乡建设厅	2018 年 9 月	名称:《广东省建筑信息模型应用统一标准》(DBJ/T 15—142—2018)。 简介:主要包括总则、术语、基本规定、应用策划、模型细度、设计应用、施工应用、运维管理应用、模型交付与审核等
	2018 年 7 月	名称:《广东省建筑信息模型(BIM)技术应用费用计价参考依据》。 简介:主要包括费用说明、适用范围、应用要求、费用计价说明、费用基价表
	2019 年 11 月	名称:《城市轨道交通建筑信息模型(BIM)建模与交付标准》(DBJ/T 15—160—2019)。 简介:主要包括总则、术语、基本规定、模型细度、模型创建与交付等
	2019 年 11 月	名称:《城市轨道交通基于建筑信息模型(BIM)的设备设施管理编码规范》(DBJ/T 15—161—2019)。 简介:主要包括总则、术语、基本规定、编码原则、编码的创建与维护等

续表

发布机构	时 间	名称与简介
广东省 代建项目 管理局	2020 年 10 月	名称:《BIM 实施导则》。 简介:主要包括模型体现及应用点、BIM 模型实施管理、项目控制、交付成果要求、协同平台要求与软件标准等
	2020 年 10 月	名称:《BIM 实施管理标准》。 简介:主要包括总则、术语、基本规定、管理组织规定、职责要求、项目应用实施管理、交付成果、协同要求等

1.4.3　地方 BIM 标准与指南

地方 BIM 标准与指南见表 1-4～表 1～6。

表 1-4　广州市地方 BIM 标准

发布机构	时 间	名称与简介
广州市质量技术 监督局 广州市住房和城 乡建设委员会	2018 年 10 月	名称:《民用建筑信息模型(BIM)设计技术规范》(DB4401/T 9—2018)。 简介:总则、术语、基本规定、模型细度、方案设计阶段 BIM 应用、初步设计阶段 BIM 应用、施工图设计阶段 BIM 应用、设计阶段 BIM 专项应用、BIM 协同设计、BIM 交付与审查、施工阶段 BIM 配合等
广州市市场监督 管理局 广州市住房和城 乡建设局	2019 年 10 月	名称:《建筑信息模型(BIM)施工应用技术规范》(DB4401/T 25—2019)。 简介:主要包括总则、术语、基本规定、施工模型的创建和管理、深化设计 BIM 应用、施工方案 BIM 应用、预制加工 BIM 应用、进度管理 BIM 应用、工作面管理 BIM 应用、预算与成本管理 BIM 应用、质量与安全管理和验收与交付 BIM 应用等
广州市住房和城 乡建设局	2021 年 1 月	名称:《三维数字化竣工验收模型交付标准》 简介:主要包括总则、术语、基本规定、三维数字化竣工验收交付要求、三维数字化竣工验收交付内容、竣工验收交付物数据组织等

表 1-5　深圳市地方 BIM 标准与指南

发布机构	时 间	名称与简介
深圳市 建筑工务署	2015 年 5 月	名称:《BIM 实施管理标准》(SZGWS 2015—BIM—01)。 简介:主要包括总则、术语、基本规定、管理组织规定、职责要求、项目应用实施管理、交付成果、协同要求、附录等

续表

发布机构	时　间	名称与简介
深圳市建筑产业化协会	2020 年 4 月	名称:《深圳市装配式混凝土建筑信息模型技术应用标准》(T/BIAS 8—2020)。 简介:主要包括总则、术语、基本规定、策划阶段、设计阶段、生产阶段、施工阶段等
深圳市住房和建设局	2020 年 5 月	名称:《深圳市城市轨道交通工程信息模型分类和编码标准》(SJG102—2020)。 简介:主要包括总则、术语、数据对象分类及编码、应用方法和附录等
深圳市住房和建设局	2020 年 6 月	名称:《深圳市城市轨道交通工程信息模型制图及交付标准》(SJG 102—2020)。 简介:主要包括总则、术语、基本规定、建模要求、制图表达、交付标准等
深圳市住房和建设局	2021 年 4 月	名称:《城市道路工程信息模型分类和编码标准》(SJG 88—2021)。 简介:主要包括总则、术语、基本规定、应用方法等
深圳市住房和建设局	2021 年 4 月	名称:《道路工程勘察信息模型交付标准》(SJG 89—2021)。 简介:主要包括总则、术语、基本规定、协同管理、模型要求、交付和审核等
深圳市住房和建设局	2021 年 4 月	名称:《市政道路工程信息模型设计交付标准》(SJG 90—2021)。 简介:主要包括总则、术语、基本规定、协同管理、模型要求、交付和审核等
深圳市住房和建设局	2021 年 4 月	名称:《市政桥涵工程信息模型设计交付标准》(SJG 91—2021)。 简介:主要包括总则、术语、基本规定、协同管理、模型要求、交付和审核等
深圳市住房和建设局	2021 年 4 月	名称:《市政隧道工程信息模型设计交付标准》(SJG 92—2021)。 简介:主要包括总则、术语、基本规定、协同管理、模型要求、交付和审核等
深圳市住房和建设局	2021 年 4 月	名称:《综合管廊工程信息模型设计交付标准》(SJG 93—2021)。 简介:主要包括总则、术语、基本规定、协同管理、模型要求、交付和审核等
深圳市住房和建设局	2021 年 4 月	名称:《市政道路管线工程信息模型设计交付标准》(SJG 94—2021)。 简介:主要包括总则、术语、基本规定、协同管理、模型要求、交付和审核等

发 布 机 构	时 间	名称与简介
深圳市 住房和建设局	2022 年 6 月	名称:《建筑信息模型数据存储标准》(SJG 114—2022)。 简介:主要包括总则、术语和符号、基本数据框架、核心层数据模式、共享层数据模式、专业领域层数据模式、资源层数据模式、数据存储与交付、模型可视化、模型数据安全等
深圳市 住房和建设局	2022 年 7 月	名称:《市政道路工程信息模型施工应用标准》(SJG 116—2022)。 简介:主要包括总则、术语和缩略语、基本规定、模型创建和管理、深化设计、施工模拟、现场资源管理、预制加工、进度管理、质量管理、安全和文明施工管理、造价管理、竣工交付等
深圳市 住房和建设局	2022 年 7 月	名称:《城市道路工程信息模型运维应用标准》(SJG 119—2022)。 简介:主要包括总则、术语和缩略语、基本规定、模型要求、空间管理、资产管理、养护管理、运行管理、应急管理等
深圳市 住房和建设局	2022 年 7 月	名称:《市政桥梁工程信息模型施工应用标准》(SJG 117—2022)。 简介:主要包括总则、术语和缩略语、基本规定、模型创建和管理、深化设计、施工模拟、现场资源管理、预制加工、进度管理、质量管理、安全和文明施工管理、造价管理、竣工交付等
深圳市 住房和建设局	2022 年 7 月	名称:《公交场站工程信息模型设计交付标准》(SJG 115—2022)。 简介:主要包括总则、术语、基本规定、协同管理、模型要求、交付和审核等
深圳市水务局 深圳市住房 和建设局	2022 年 12 月	名称:《水务工程信息模型应用统一标准》(SJG 123—2022)。 简介:主要包括总则、术语、基本规定、信息模型创建、信息模型应用、勘察设计阶段信息模型应用、施工阶段信息模型应用、运维阶段信息模型应用、交付与归档和信息模型应用协同管理

表 1-6 佛山市地方 BIM 标准与指南

发 布 机 构	时 间	名称与简介
顺德区住房 城乡建设 和水利局	2021 年 10 月	名称:《民用建筑信息模型施工图设计标准》(试行)。 简介:主要包括范围、规范性引用文件、术语和定义、基本规定、文件组织及命名要求、模型设计要求和装配式混凝土结构模型设计要求等
顺德区住房 城乡建设 和水利局	2021 年 10 月	名称:《民用建筑信息模型施工图审查标准》(试行)。 简介:主要包括范围、规范性引用文件、术语和定义、基本规定、施工图建筑信息模型数字化审查范围、模型数据要求、施工图设计模型单元属性审查信息要求和审查结果
顺德区住房 城乡建设 和水利局	2021 年 10 月	名称:《民用建筑信息模型施工图数据交付标准》(试行)。 简介:主要包括范围、规范性引用文件、术语和定义、基本规定、模型的导入要求、数字化审查结果交付文件、数据交付等

1.5　BIM 技术发展

1.5.1　从单一专业应用向全生命周期应用拓展

第一阶段:单一专业应用阶段(2006—2010 年),即"十一五"规划阶段。在此阶段,广东省的 BIM 技术应用主要集中在建筑、结构和机电三个专业领域,并且大部分信息技术实验处于研究阶段。BIM 技术在设计和施工阶段进行了尝试应用,其主要目标是优化设计方案和提高施工效率。BIM 技术的应用范围主要涵盖建筑、结构、机电和幕墙等专业领域。就 BIM 技术而言,该阶段属于 BIM 技术发展的准备阶段。

第二阶段:扩展到建设全周期阶段(2011—2015 年),即"十二五"规划阶段。在这一阶段,广东省 BIM 技术应用开始从单一专业应用向全生命周期应用拓展。BIM 技术应用逐渐从设计和施工阶段扩展到运营和维护阶段,BIM 技术的应用范围逐渐扩大。BIM 技术主要应用于建筑、市政和轨道交通等领域。

第三阶段:应用深度和广度不断提高(2016 年至今),即"十三五"规划至今。在这个阶段,广东省 BIM 技术应用已经从单一专业应用向全生命周期应用全面拓展,应用深度和广度不断提高。BIM 技术的应用范围涵盖了建筑、市政、水利、交通等领域,应用场景从设计、施工、运营到拆除全过程。同时,BIM 技术与人工智能、大数据、云计算等技术的融合越来越密切,BIM 技术应用的深度和广度不断提高,推动了整个建筑产业的转型升级。

1.5.2　从应用推广向标准规范制定拓展

广东省在 BIM 技术应用推广方面已取得了一定成就。自 2010 年以来,广东省开始积极推广 BIM 技术,并不断加强其在工程建设中的应用。随着时间的推移,越来越多的企业和项目开始采用 BIM 技术,并逐步扩大了应用范围。随着应用范围的扩大,人们意识到需要制定相关的标准和规范,以统一 BIM 技术的应用,确保其能够达到预期效果。因此,广东省相继出台了一系列标准和规范文件,如《广东省建筑信息模型应用统一标准》《广东省建筑信息模型(BIM)技术应用费用计价参考依据》《城市轨道交通建筑信息模型(BIM)建模与交付标准》。

随着标准规范的制定,BIM 技术应用进入了规范化阶段。通过应用这些标准和规范,企业和项目能够更加系统地、规范地使用 BIM 技术,从而避免在应用过程中可能出现的问题。

随着标准规范的不断完善,广东省实现了 BIM 技术应用从单一专业到全生命周期的全面拓展。与此同时,标准规范的逐步完善为 BIM 技术在更多领域的应用提供了保障。

1.6 BIM 推广应用

1.6.1 BIM 资格认证

BIM 资格认证主要考试见表 1-7。

表 1-7 BIM 资格认证主要考试

考 试 名 称	发 证 机 关	证书分类(级别)
全国 BIM 技能等级考试	中国图学学会	一级 BIM 建模师
		二级 BIM 高级建模师
		三级 BIM 设计应用建模师
全国 BIM 应用专业技能考试	中国建设教育协会	一级 BIM 建模师
		二级专业 BIM 应用师
		三级综合 BIM 应用师
"1+X"BIM 职业技能等级证书	教育部	初级(BIM 建模)
		中级(BIM 专业应用)
		高级(BIM 综合应用与管理)
全国 BIM 专业技术能力水平考试	工业和信息化部电子行业职业技能鉴定指导中心和北京绿色建筑产业联盟	BIM 建模技术
		BIM 项目管理
		BIM 战略规划考试
Autodesk Revit 工程师认证考试	Autodesk 软件公司全球授予专业认证证书	Revit 初级工程师
		Revit 高级工程师
		Revit 认证教员

1.6.2 BIM 重要竞赛

国内 BIM 主要竞赛及介绍见表 1-8。

表 1-8 国内 BIM 主要竞赛及介绍

竞赛名称	主办单位	介绍
中国水利水电勘测设计 BIM 应用大赛	中国水利水电勘测设计协会	国内水利水电工程权威赛事,奖项是对水利水电相关工程项目的 BIM 应用水平及成果的肯定
交通 BIM 工程创新奖	中国公路学会	中国公路学会"交通 BIM 工程创新奖"申报范围为 BIM 技术在公路、铁路、轨道、水运及附属设施等交通基础设施工程中的应用项目

竞 赛 名 称	主 办 单 位	介　绍
"创新杯"建筑信息模型应用设计大赛	中国勘察设计协会 欧特克软件（中国）有限公司	中国勘察设计协会和欧特克软件（中国）有限公司主办，主要面向勘察设计领域
"龙图杯"全国 BIM 大赛	中国图学学会	面向整个建筑行业的 BIM 领域，是目前国内参赛项目最多的赛事。"龙图杯"全国 BIM 大赛是鼓励创新实践，弘扬创新文化，推动建筑行业信息化建设，推进 BIM 普及应用，加速人才培养的重要平台
"优路杯"全国 BIM 技术大赛	国家工业和信息化部人才流中心	"优路杯"全国 BIM 技术大赛要求院校和企业单位联合申报，强调建筑企业对 BIM 技术人才的关注和培养，需要院校或者企业有相关校企合作，不接受单独参赛，有一定门槛
中国建设工程 BIM 大赛	中国建筑业协会	主要面向施工领域。该比赛是目前最具影响力的国家级 BIM 赛事之一，采用推荐制参赛，申报项目数量受限制，需要经过地方或者企业选拔推荐才能入围。各地区协会、行业协会、大型施工企业分配参赛名额
"新基建杯" BIM 大赛	中国建筑材料流通协会	通过建筑行业相关企业数字化转型示范应用案例，培养创新和应用型人才，推广现场环境监测、智慧调度、物资监管、数字交付等创新管理模式和数字化手段，提升新基建项目、新城建项目、智慧城市项目、重大工程项目的数字化集成管理水平
"新城建杯"国际 BIM/CIM 应用大赛	中国国际工程咨询协会数委会	《关于加快推进城镇环境基础设施建设的指导意见》提出推动新型城市基础设施建设，该比赛重点任务包括 CIM 基础平台建设和以 BIM 为核心的智能建造与建筑工业化协同发展
"市政杯"BIM 应用技能大赛	中国市政工程协会	参赛单位以市政行业勘察、设计、施工、运维企业为主。参赛组别分为综合组、设计单项组、施工单项组、运维及数字城市组。大赛按组别设置一类成果奖、二类成果奖、三类成果奖、优秀成果奖和优秀组织奖
"智建杯"智能建造创新大奖赛	澳门建筑资讯模型协会 香港建筑信息模拟学会 粤港澳大湾区城市建筑学会（香港）	进一步推广和普及互联网＋、大数据、区块链、BIM、CIM、装配式、数字化管理、人工智能、信息化平台、智慧工地建设、智慧化绿色施工、数字孪生与智慧运维、物联网等智慧建造技术，以提质增效为中心，大力推行智慧建造，以物联网＋BIM 技术＋装配式＋智能机器人为抓手，深度推动行业健康发展

续表

竞赛名称	主办单位	介绍
广东省 BIM 应用大赛	广东省 BIM 技术联盟 广东省建筑业协会 广东省工程勘察设计行业协会 广东省工程造价协会 广东省市政行业协会 广东省建设科技与标准化协会	设置项目类施工组、设计组、综合组、城市管理组、科技研发组,还有 BIM 应用示范单位,个人类的 BIM 技术应用杰出人才、BIM 推广领航者、优秀论文奖项,每两年一届,为加快推进建筑信息模型(BIM)技术在规划、勘察、设计、施工和运营维护全生命周期的应用
"SMART BIM" 智建 BIM 大赛	广东省城市建筑学会 英国 RICS 皇家特许测量师学会	设置设计、施工、数字化、综合、院校等类别奖项,各类设一等奖、二等奖、三等奖、优秀奖若干名

1.6.3　BIM 相关重要会议

(1) 全国 BIM 学术会议

全国 BIM 学术会议已在业内形成广泛的影响力,2015 年至今已在北京、广州、上海、合肥、长沙、太原、重庆和深圳成功举办了八届全国 BIM 学术会议。会议内容主要是 BIM 相关理论、技术与方法,BIM 的应用和 BIM 与新一代信息技术的集成研究与应用等。

(2) BIM 技术国际交流会

自 2010 年起至 2022 年,在相关政府主管部门、协会、学会和高校的支持下,BIM 技术国际交流会已成功举办十届,每届交流会均以当年 BIM 技术领域最受关注的热点作为会议主题,邀请国内外 BIM 技术领域的专家进行经验交流。历届会议的举办极大促进了建筑业转型在升级过程中的高质量发展。

(3) 亚太 BIM 设计与工程技术峰会

该会议精选最新的国内优秀工程案例,邀请建筑行业 BIM 专家探讨 BIM 行业的热门话题。办峰会吸引了多家建筑设计研究院、房地产开发商、工程咨询公司、总承包商等单位,共同探讨 BIM 应用实践中的问题与对策,分享成功案例经验。

(4) BIM 技术战略合作高层研讨会

该研讨会是由上海鲁班软件有限公司主办,由各界工程咨询行业主管部门相关领导,工程咨询公司、项目管理公司、工程顾问公司、监理公司的董事长、总经理参加的,以工程咨询企业转型、扩展业务合作等为内容的会议论坛。

（5）广东省 BIM 发展论坛

广东省 BIM 发展论坛是由广东省住建厅指导，广东省 BIM 技术联盟为主要组织者的大型专业论坛，从 2015 年开始举办。论坛主要围绕广东省工程建设领域 BIM 等数字化技术的应用发展，及时总结和展示广东省最新 BIM 研究和应用成果。

1.6.4　BIM 相关组织

（1）中国 BIM 发展联盟

为了推进我国 BIM 技术、标准和软件协调配套发展，实现技术成果的标准化和产业化，提高产业核心竞争力，在中国建筑科学研究院的倡导下，业内多家骨干企业于 2012 年共同成立了建筑信息模型（BIM）产业技术创新战略联盟（简称中国 BIM 发展联盟）。2013 年，中国 BIM 发展联盟由国家科技部确定为第三批国家产业技术创新战略试点联盟，即"国家建筑信息模型（BIM）产业技术创新战略试点联盟"。

（2）广东省 BIM 技术联盟

广东省 BIM 技术联盟是受广东省住建厅务指导和监督管理的公益性专业组织，成立于 2015 年。由致力于推进广东省 BIM 应用技术、标准和软件协调配套发展，实现技术成果产业化和标准化，提高产业核心竞争力的企业、高校、科研机构和其他机构自愿组成。联盟理事长及秘书处由广东省建筑科学研究院集团股份有限公司承担。

1.7　BIM 发展论坛开展情况

1.7.1　往届 BIM 发展论坛

（1）第一届 BIM 发展论坛

2015 年 9 月 16 日下午，在广东省住建厅主导下，广东省 BIM 技术联盟和广东省建筑科学研究院集团股份有限公司联合主办了第一届广东省 BIM 论坛，该论坛得到了广州欧特克软件（中国）有限公司、广联达软件股份有限公司和北京鸿业同行科技有限公司的协助，由元筑文化发展有限公司承办，在广州成功召开。

此次论坛以"BIM 技术与建筑业创新驱动"为主题，探讨了近年来我国建筑领域中 BIM 技术的兴起、理论研究的深入、标准编制的全面展开以及在部分重点项目中的应用等情况。众多企业代表齐聚一堂，共同交流经验，探讨如何促进 BIM 技术在建筑业的推广和应用。可以看出，应用 BIM 技术已经成为政府、行业和企业的共识，为建筑业的转型升级带来了新的机遇。

（2）第二届 BIM 发展论坛

2016 年 11 月 30 日，广东省举行了第二届 BIM 发展论坛暨首届 BIM 应用大赛的颁奖礼。该论坛由广东省住建厅担任指导单位，广东省 BIM 技术联盟、广东省工程勘察设计协会、广东省建筑业协会、广东省工程造价协会、广东省建设科技与标准化协会、广东省市政行业协会以及广东省建筑安全协会共同主办，天正公司作为协办单位并做相关主题报告。

本届大赛共有 143 件参赛作品,涵盖了大型公共建筑、房地产、地铁、铁路、桥梁和机场等多个领域的项目。通过专家打分和微信公众号投票,最终评选出 15 件一等奖作品、29 件二等奖作品和 46 件三等奖作品。这些作品覆盖了设计、施工、造价、开发等多个环节。

（3）第三届 BIM 发展论坛

2017 年 11 月 29 日下午,广东省第三届 BIM 发展论坛在广州市东方宾馆盛大举行,来自政策制定者、企业管理者和技术工作者等 300 余位业界人士齐聚一堂。该论坛由广东省住建厅指导,广东省 BIM 技术联盟主办,广州市建筑集团有限公司和广州元筑文化发展有限公司承办,同时得到了广州一建建设集团有限公司、广州欧特克软件(中国)有限公司、广联达科技股份有限公司、北京鸿业同行科技有限公司、杭州品茗安控信息技术股份有限公司以及广州市筑智建筑科技有限公司的共同协办。

本届论坛旨在成为一个高端交流平台,汇聚行业资源,分享各位专家的智慧。论坛重点关注了"BIM 技术＋装配式"这一行业热点,并分享了在过去一年中,BIM 技术和装配式技术取得的进展和成功实践的成果。

（4）第四届 BIM 发展论坛

2018 年 12 月 14 日下午,广东省第四届 BIM 发展论坛暨第二届 BIM 应用大赛颁奖典礼在广州市东方宾馆成功举办。该论坛由广东省住建厅指导,广东省 BIM 技术联盟、广东省建筑业协会、广东省工程勘察设计行业协会、广东省工程造价协会、广东省市政行业协会、广东省建设科技与标准化协会共同主办,广东省 BIM 联盟和广州元筑文化发展有限公司承办,并得到了欧特克软件(中国)有限公司、北京构力科技有限公司、广联达科技股份有限公司、北京鸿业同行科技有限公司、杭州品茗安控信息技术股份有限公司、上海鲁班软件股份有限公司的共同协办。

本次活动吸引了来自科研机构、设计单位、施工企业、咨询机构、软件企业以及大赛获奖项目的代表共计 300 余人参加。论坛中出席的重要领导包括广东省住建厅总工程师,科信处处长,以及市场处、质安处、房地产处、城建处等处(室)的相关负责人,广东省 BIM 技术联盟领导以及各主办单位的领导。活动旨在推动 BIM 技术在建筑全生命周期内的应用和普及,与会代表分享了最新的 BIM 技术应用成果。

（5）第五届 BIM 发展论坛

2019 年 8 月 20 日,广东省第五届 BIM 发展论坛在广州市成功举办,主题为"粤港澳BIM 技术创新合作"。该论坛旨在探讨如何充分利用广东改革开放先行先试的优势以及港澳的独特优势,深化粤港澳在 BIM 技术领域的对接、交流和合作,推进大湾区建筑科技的创新发展和协同合作。论坛由广东省住建厅指导,广东省 BIM 技术联盟主办,广东省建筑科学研究院集团股份有限公司和广州元筑文化发展有限公司承办,广州欧特克软件(中国)有限公司、北京构力科技有限公司、广联达科技股份有限公司、北京鸿业同行科技有限公司、深圳市斯维尔科技股份有限公司协办。本次论坛的举办是对《粤港澳大湾区发展规划纲要》的积极响应,旨在共同推进该地区建筑科技的创新发展和协同合作。

本次论坛吸引了来自省内科研机构、高校、建设、设计、施工、咨询等单位的 300 余名代表参加。主办方还特邀广州、深圳、香港、澳门等城市的专家学者共同参与,分享 BIM 技术的应用经验。论坛举办期间,与会代表就最新的 BIM 技术应用成果进行了交流和分享。

(6) 第六届发展论坛

2020 年 12 月 29 日上午,广东省 BIM 技术联盟主办的第六届 BIM 发展论坛暨第三届 BIM 应用大赛颁奖典礼在广州市成功举行。本次活动邀请了科研机构、设计单位、施工企业、咨询机构、软件企业和大赛获奖项目的近 300 名代表参加,共同分享 BIM 技术应用的最新成果,推动 BIM 技术在建筑全生命周期中的广泛应用。论坛得到了广东省住建厅的指导,由广东省 BIM 技术联盟、广东省建筑科学研究院集团股份有限公司、广东省建筑业协会等机构联合主办,同时得到了广州欧特克软件(中国)有限公司、北京构力科技有限公司、广联达科技股份有限公司等公司的协办支持。此次论坛还设置了施工组、设计组、开发组等奖项,并邀请获奖项目代表分享其在 BIM 应用中的亮点。

1.7.2　BIM 发展论坛成就

BIM 发展论坛邀请了建设管理部门、行业协会、市场从业单位、大赛获奖项目以及专家代表等参与,共同进行经验分享和交流,旨在推广应用 BIM 技术,并提升工程建设的质量、安全管理水平和综合效益,具有重要意义。广东省 BIM 联盟自 2014 年成立以来,每年都举办论坛,并每两年举办一次 BIM 大赛,通过组织宣讲、研讨等活动积极推广 BIM 技术,在行业内得到了广泛关注、参与和认可。论坛紧扣时下热点话题,如装配式建筑、双碳、智慧建造和绿色建筑等,结合当前应用需求进行探讨和分享,共同探索 BIM 技术发展的新理念和新方式。广东省 BIM 发展论坛致力于推动 BIM 技术的创新和普及应用,培养相关人才,提升行业的科技水平,推动 BIM 及相关学科的发展,并参与相关标准指南的编写,为广东省建筑业的发展做出贡献。

1.8　BIM 应用大赛开展情况

1.8.1　往届大赛的情况

(1) 第一届 BIM 应用大赛

2016 年,广东省 BIM 技术联盟在全省建设领域举办了一次大赛,旨在征集 BIM 技术应用作品。比赛报名时间为 2016 年 5 月 20 日至 6 月 20 日,提交成果时间为 2016 年 7 月 21 日至 7 月 31 日。此次大赛共收到 143 个参赛作品,涵盖大型公建、房地产、地铁、铁路、桥梁、机场等多个领域。

大赛采用了网络投票和评审委员会评审两种方式相结合进行评选,其中网络投票占 20%,专家评审占 80%。在 2016 年 9 月 1 日至 9 月 11 日的网络投票中,访问量超过 15 万,总投票数超过 1.8 万。最后,主办单位组织评审专家委员会对汇总结果进行审核,并在 2016 年 10 月评选出 90 项获奖作品,其中一等奖 15 项,二等奖 29 项,三等奖 46 项。这些获奖作品涉及大型公建、地铁、铁路、桥梁、机场等不同工程领域。

（2）第二届 BIM 应用大赛

本届 BIM 应用大赛共收到 270 份作品，涵盖了综合体、住宅等常规房屋建筑，以及地铁、机场、码头等交通枢纽，桥涵、管廊等线性工程及机房、水利设施等其他建筑类型。初审和现场评审后，最终评选出 172 项获奖作品，其中一等奖 28 项（设计组 9 项、施工组 17 项、造价组 1 项、开发组 1 项），二等奖 56 项（设计组 17 项、施工组 36 项、造价组 1 项、开发组 2 项），三等奖 88 项（设计组 30 项、施工组 54 项、造价组 1 项、开发组 3 项）。

本届大赛的 BIM 应用技术特点为：①聚焦于业务场景而非功能点本身，以业务为基础驱动应用价值；②不局限于传统应用领域，不断丰富信息内容，实现创新应用；③打破单位壁垒，以开放的心态贡献模型信息，用于指导企业生产。

（3）第三届 BIM 应用大赛

本届 BIM 应用大赛共收到 414 份申报项目。这些项目类型涵盖了综合体、住宅等常规房屋建筑，以及地铁、机场、码头等交通枢纽，桥涵、管廊等线性工程及机房、水利设施等其他建筑类型。本届大赛分为四大组别（设计组、施工组、造价组和开发组）进行评选。初赛阶段采用网络投票与专家评分相结合方式进行，入围决赛的项目是最终评分排名前 15% 的申报作品。在现场演示与评分过程中，比赛的实时评选分数将会通过公屏显示，保证了评选结果的公平与公开性。共有 59 个项目进入了现场决赛，通过现场演讲、答辩，人们更深入地了解 BIM 技术在项目中的应用情况，同时也促进了 BIM 技术的推广应用，增强了评奖的客观性。整个评奖过程还进行了网络直播，场外观众也可以关注比赛。

最终，经过初审和现场评审后，评选出 178 项获奖作品，其中一等奖 39 项（设计组 10 项、施工组 27 项、造价组 1 项、开发组 1 项）、二等奖 59 项（设计组 16 项、施工组 41 项、造价组 1 项、开发组 1 项）以及三等奖 80 项（设计组 21 项、施工组 55 项、造价组 2 项、开发组 2 项）获得大赛的荣誉。

1.8.2 第四届大赛的情况

本届大赛项目类的参赛组别除了以往的设计组、施工组、综合组，还新增了城市管理组和科技研发组。除了项目类的奖项，此次大赛还增加了企业类和个人类奖项，包括 BIM 应用示范单位、BIM 技术推广领航者和 BIM 技术应用杰出人才。为促进广东省 BIM 技术创新水平，推广和分享优秀的 BIM 成果，整体提高广东省 BIM 应用大赛的科技层次，本次大赛还对 BIM 相关优秀论文进行征集。

本届大赛共收到参赛作品 693 项、优秀论文 31 篇，共计 724 项。初赛采用专家评审和网络投票相结合的方式进行，决出获奖项目中排名前 15% 的项目入围决赛进行现场答辩。现场答辩的项目经过专家评分选出最后结果。经过初审和决赛答辩，最终评选出获奖作品 207 项，其中项目类一等奖 27 项（设计组 6 项、施工组 16 项、综合组 3 项、城市和科研组 2 项），二等奖 54 项（设计组 11 项、施工组 33 项、综合组 7 项、城市科研组 3 项），三等奖 154 项（一等奖 34 项、施工组 94 项、综合组 22 项、城市科研组 4 项）。BIM 应用示范单位 10 家，个人类 BIM 技术推广优秀领航者 10 名，BIM 技术应用杰出人才 15 名，优秀论文 13 篇。

下面简要分析第四届 BIM 大赛项目所在地统计情况（图 1-1）及项目类型统计情况（图 1-2）。

通过观察可以发现,广州和深圳两个城市的项目数占比最高,分别为 36.7% 和 40.8%,共占总项目数的 77.5%。中山、东莞等城市的项目数量较少,分别 3.1% 和 2.1%。这种数据分布差异可能由以下原因导致。

广州和深圳是经济发展较快的两个城市,而经济的发展带动了大量基础设施建设和房地产建设的发展。同时,这两座城市也集聚了较多的大型建筑设计公司。这些公司和机构提供专业的设计服务,进一步扩大了 BIM 的社会影响力。

如果考虑到该行业的强财力驱动,这部分数据分布也存在极大的随意性,即某些项

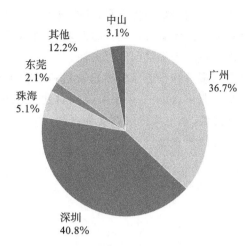

图 1-1　第四届 BIM 大赛项目所在地统计

目的选址或承包不受地理位置限制和行政管辖局限,有部分企业或工程项目团队会在其他较为适合的区域开展各种建设项目,例如揭阳、清远等区域可能因为土地、房价或配套问题吸引了相应的建设项目。

此外,这些数据分布与城市规模有一定的关系,大城市的项目数更多,小城市的项目数则普遍较少。珠海和中山作为深圳及广州的邻近城市,由于自身发展水平和投入力度有限,在此领域上的表现不如广州和深圳。

通过对数据的初步观察,可以发现房屋建筑项目占比最高,达到了 72.5%,其次是市政基础设施项目,占比为 15.4%。水利项目和交通运输项目较少,占比为 5% 左右(图 1-2)。这种数据分布情况可能是由以下原因导致。

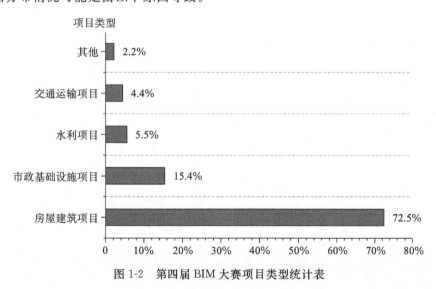

图 1-2　第四届 BIM 大赛项目类型统计表

房屋建筑项目在当今社会的需求量巨大,由此带来了相应的 BIM 应用点数量和需求量,包括但不限于方案比选、图纸校核、三维模拟分析、碰撞检查。因此,在这组数据中房屋建筑项目的占比最高,与实际情况相符。

　　市政基础设施项目也是 BIM 技术需求旺盛的行业之一。在这个领域,BIM 可以应用于精确规划和设计城市基础设施及城市功能区,而各项应用点如净高分析、场地交通及流线、管线综合技术等都受到广泛关注。

　　水利项目和交通运输项目数量相对较少是因为这两个领域的 BIM 应用点较为独特,需求更加专业化,也更受限于实际项目建设条件。例如,水利工程领域中 BIM 可以应用于水利场地选址、水电站库区调度等方面,而交通运输领域中 BIM 则可协助规划和优化高速公路和轨道交通系统。

第2章 广东省 BIM 应用环境分析

2.1 政策环境分析

2.1.1 BIM 政策背景

近年来,随着智能化的发展,互联网、物联网等技术飞速发展,建筑行业数字化转型已经成为行业内共同关注的话题。众所周知,BIM 在实现建筑业数字化转型过程中扮演着非常重要的技术角色。为了大力推行 BIM 技术在施工全生命周期的落地,国家、行业、地方政府及各类组织等,相继制定了一系列 BIM 政策。

BIM 应用相关国家标准、地方标准、行业标准的颁布,为 BIM 应用体系建设提供了专业指导和规范作用,使行业整体 BIM 技术水平有了提升。

在新的发展阶段中,智能建造不仅是促进城乡建设走向绿色化、促进建筑行业数字化转型的关键手段之一,而且还是新一代信息技术与实体经济深度融合的关键领域。此外,它也是刺激内需、推动新发展格局形成的重要策略。近些年,广东省的建筑行业实现了持续且迅猛的发展,并且产业的规模不断扩大。在"十三五"规划期间,全省的建筑行业累计实现了总产值约 7 万亿元,建筑业增加值达到了 1.9 万亿元。到 2022 年,广东省建筑业的总产值进一步攀升至 2.3 万亿元,同比增长 8%,这一数据展现了建筑业数字化转型和数字信息技术发展拥有的良好市场基础。

在此背景下,广东省为了响应国家政策号召,进一步推进行业发展,加快推进 BIM 技术在规划、勘察、设计、施工和运营维护全过程的集成应用,促进建筑业向绿色化、信息化转型升级,助力未来智能建造,有必要出台相关政策文件。

2022 年 1 月,广东省住建厅等 15 部门联合发布《关于推动智能建造与建筑工业化协同发展的实施意见》(简称《实施意见》),其中明确了发展的主要目标以及重点任务。

《实施意见》按四个阶段明确了发展的主要目标。

①到 2023 年末,智能建造相关标准与评价体系初步建立,基本形成智能建造与建筑工业化协同发展的政策体系和产业体系。广州、深圳、佛山等智能建造试点城市建设初具规模,企业创新能力大幅提高,产业集群优势逐步显现。

②到 2025 年末,智能建造相关标准与评价体系趋于完善,形成较为完整的智能建造与建筑工业化协同发展的政策体系和产业体系,建筑工业化、数字化、智能化水平显著提高,实现较好的经济效益与社会效益。广州、深圳、佛山等城市在智能建造领域的辐射带动作用不断增强,引领全省智能建造进入新阶段。培育一批龙头骨干企业,评定一批采用智能建造技术的项目,形成可复制、可推广的经验。

③到 2030 年末,智能建造与建筑工业化协同发展居于国内领先地位,建筑业工业化、数字化、智能化水平显著提高,推进建造过程零污染排放,助力碳排放达到峰值。

④到 2035 年末,培育一批在智能建造领域具有核心竞争力的龙头骨干企业,形成万亿级的产业集群。

《实施意见》提出了六个方面的重点任务。

①发展数字设计。推进 BIM 技术全过程应用,提升 BIM 设计协同能力,构建数字化设计体系。

②推广智能生产。建立基于智能生产的标准化部品部件库、智能生产工厂、全过程质量溯源制度,提升项目管理水平,甚至实现无人化生产。

③推行智慧绿色施工。推动研发建筑机器人,建设智慧工地,实现绿色建造,推动产业转型升级。

④发展建筑产业互联网。培育一批行业级、企业级、项目级建筑产业互联网平台,推动智能建造产业园区和产业集群建设。

⑤加强科技和人才支撑。从强化科技引领、加快成果转化、积极培育人才等方面提出具体要求,为智能建造与建筑工业化协同发展注入持续动力。

⑥创新行业监管服务。通过完善标准体系、建立评定机制、创新监管模式三方面着力提升监管数字化、智能化水平。

2.1.2 广东省各地 BIM 政策要点

近年来,广东省住建厅从全省 BIM 技术应用与发展出发,更注重 BIM 相关标准体系的建设和完善,细化深化底层的政策和标准,发布了系列标准,从模型命名规则、模型填色规则、建模精度及模型深度标准以及费用计价等各层面深化细化 BIM 标准体系。

广州市基于良好的 BIM 技术应用基础,积极探索 BIM 创新应用。广州市住建局近年来发布多项政策文件,包括 CIM 平台应用、BIM 审图应用、正向设计应用等 BIM 应用专项。在促进广州市建筑信息模型(BIM)正向设计技术的发展应用上,组织开展了多批次的示范工程评审,并公示了几批广州市 BIM 第二批广州市 BIM 正向设计(施工图设计阶段)示范工程;在 BIM 审图应用上,积极开展 BIM 审图试点工作,多次发布相关政策,有力推进了广州市建筑信息模型(BIM)审图技术应用。

深圳市 BIM 技术较为成熟,在大量工程应用实践的基础上,近年来的政策更关注 BIM 应用的规范化发展,通过征集和公示 2022 年深圳市建筑信息模型(BIM)技术应用试点示范项目,召开全市 BIM 典型案例经验分享会等加快推进深圳市 BIM 技术普及应用和规范化发展。同时,积极筹备并招标编制建筑工程和城市轨道交通等专业的 BIM 应用指南,规范深圳市 BIM 技术应用场景。

在 BIM 数字化报建系统的发展方面,2022 年 6 月发布了《深圳市住房和建设局关于消防设计审查、施工许可和竣工联合验收基于 BIM 报建系统功能上线试运行的通知》,要求2022 年 1 月 1 日起新建(立项、核准备案)市区政府投资和国有资金投资建设项目、市区重大项目、重点片区工程项目全面实施 BIM 技术应用,在办理消防设计审查、主体工程施工许可、竣工联合验收报建环节上传 BIM 模型。

东莞市结合本市建筑业发展规模和 BIM 技术应用现状,从基层应用抓起,早在 2019 年就发布了《东莞市 BIM 实施指南》。近年来,东莞市更加关注基础应用技能人才的培养,2022 年东莞市政府发布了《关于持续推进"三项工程"深化"技能人才之都"建设的工作方案》,持续推进 BIM 技术技能人才的建设。在此基础上,2022 年 8 月,东莞市建设培训中心现联合东莞职业技术学院开展 BIM 培训考核工作,提升 BIM 从业人员技能水平。

佛山市紧跟行业发展动态,通过筹划 BIM 应用标准、组织召开 BIM 技术峰会、表彰优秀企业等促进本市 BIM 技术应用。在 2021 年 8 月,为加快推进建筑信息模型(BIM)技术在设计、施工和运营管理领域的应用,助力佛山市新型城市基础设施(CIM)建设试点工作,佛山市住建局组织业内技术专家建立建筑信息模型(BIM)标准专家评审委员会,并完成建筑信息模型(BIM)设计、审查、数据交付三个 BIM 技术标准的专家评审。2022 年 3 月,为鼓励先进,宣传典型,进一步激发广大企业在 BIM 技术方面的创新创造活力,佛山住建局对广东天元建筑设计有限公司等五家企业进行通报表扬。

其他城市紧随广东省住建局的相关 BIM 政策,发布了一系列 BIM 技术应用规范、BIM 技术交流与人才培养实施方案、BIM 技术应用推广优秀企业表彰通知等,从标准化体系建设到人才培养,再到技术交流与表彰激励,全面促进 BIM 技术的推广和应用落地。

2.1.3　BIM 政策亮点

在 BIM 全面推广和深入应用的态势下,通过对广东省及各市级的 BIM 政策分析,广东省的 BIM 政策有以下亮点。

(1) 重基础

广东省住建局自 2017 年开始,对文件结构规则、命名规则、编码规范、填色规则、精度标准、深化标准等进行了约定,在 2017 年 8 月份发布了费用计价规则,进一步强化了行业的执行标准。广东省《建筑信息模型交付标准》更是从项目全生命周期的角度统筹各阶段 BIM 数据资产的规范化交付,保障了 BIM 应用的数据基础。

基于省级的 BIM 政策,各地区和企业结合自身需求和技术应用发展特点,对 BIM 标准、相关政策等进行深化和调整,全方位保障 BIM 技术应用的基础。

(2) 保创新

广东省 BIM 技术的应用和技术发展水平位居全国前列,近年来基于 BIM 的审图、数字化报建、正向设计、CIM 等创新应用的政策也在持续更新,进一步保障和规范了广东省 BIM 技术创新发展。

(3) 推示范

广东省在 BIM 正向设计示范工程、智能建造与新型建筑工业化协同发展等 BIM 创新应用上,总结各地经验,形成一批可复制经验做法的技术和示范工程,供同行企业参考。

同时,为积极推动广东省 BIM 全生命周期的应用,激励各城市、企业积极主动使用 BIM 技术,近年来广东省组织了一系列 BIM 相关比赛活动,包括广东省第四届 BIM 应用大赛、建筑信息模型(BIM)技术应用试点示范项目评选等。

2.2 企业环境分析

2.2.1 市场整体环境

2012—2022 年广东省建筑业总产值占比逐年上升。2021 年,广东省工程建设行业总产值为 22956.50 亿元,相比 2021 年增长了 7.55%,位居全国第三(图 2-1)。

图 2-1 2012—2022 年广东省建筑业总产值(亿元)

过去的几年,广东省工程建设企业数量持续快速上升,2022 年达到了 9257 家。建筑行业参与者逐渐增多,地区竞争加剧。(图 2-2)

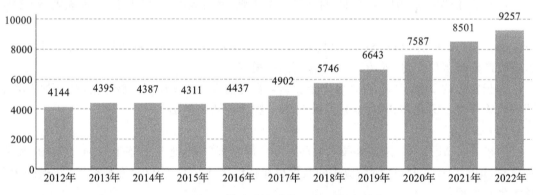

图 2-2 2012—2022 年广东省建筑业企业数量(单位:个)

与此同时,广东省工程建设行业从业人员数量持续增长,并保持在较高水平。2021 年,广东省工程建设行业从业人员数量达到了 354.49 万人,相比 2020 年增加了 3.75%。其中,直接从事生产经营活动的平均有 393.04 万人,较 2020 年增加了 20.26 万人。行业从业人员数量增加,工程建设行业对广东省就业的促进作用提高(图 2-3)。

2022 年,广东省工程建设行业签订合同额为 68134 亿元,相比 2021 年增加了 13.06%;新签合同额为 32413 亿元,增长 9.33%(图 2-4)。

从整体上来看,近几年广东省建筑业行业发展稳中向好,持续增长。无论是建筑业总产

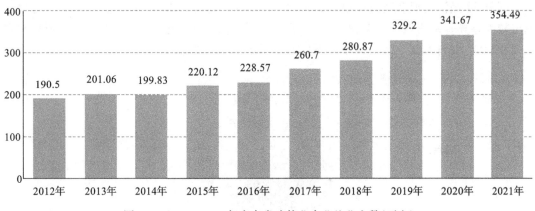

图 2-3　2012—2021 年广东省建筑业企业从业人数（万人）

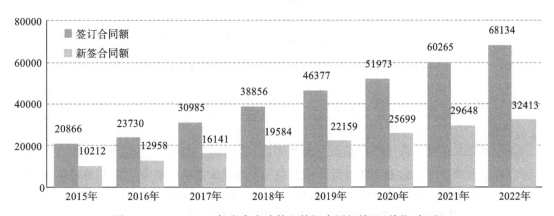

图 2-4　2015—2022 年广东省建筑业签订合同额情况（单位：亿元）

值、新签合同额，还是建筑业企业和从业人员的数量，都呈现积极发展的态势。良好的建筑业市场环境给 BIM 技术的应用发展提供了优越的发展条件和空间，促进了广东省 BIM 技术的应用发展。

2016 年以来，广东省工程建设行业 BIM 技术应用成熟度逐渐提升，企业参加 BIM 赛事的热情也日益高涨。通过对历届广东省 BIM 应用大赛参赛和获奖项目数量进行分析，2022 年参赛申报数量达到了 724 项，比上一届（2020 年）增长了 75%（图 2-5）。

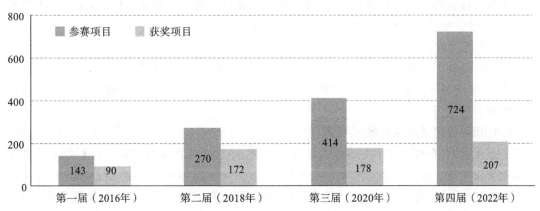

图 2-5　广东省 BIM 应用大赛历届参赛项目汇总

此外,受经济发展和建筑业规模影响,广东省不同地区 BIM 技术应用的市场活力也呈现出较大差异。从第四届广东省 BIM 应用大赛参赛项目所在地来看,超过 80% 的项目来自广州和深圳,来自粤西等区域的参赛项目占比不足 10%(图 2-6)。

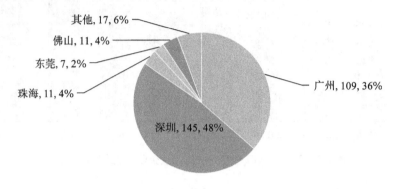

其他,17,6%
佛山,11,4%
东莞,7,2%
珠海,11,4%
深圳,145,48%
广州,109,36%

█ 广州 █ 深圳 █ 珠海 █ 东莞 █ 佛山 █ 其他

图 2-6 广东省第四届 BIM 应用大赛参赛项目所在地区分析

2.2.2 业 主 方

业主单位是建设工程生产过程的总集成者,也是建设工程生产过程的总组织者。业主单位也是建设项目的发起者及项目建设的最终责任者,业主单位的项目管理是建设项目管理的核心。作为建设项目的总组织者、总集成者,业主单位的项目管理任务繁重、涉及面广且责任重大,其管理水平与管理效率直接影响建设项目的效益。

目前,部分业主方对 BIM 的需求仅停留在三维可视化,即通过三维建模来展示项目不同阶段的建造效果,导致 BIM 技术的应用停留在表层,未能发挥出 BIM 的信息价值,甚至增加了项目成本。因此,业主单位首先需要明确利用 BIM 技术实现什么目的、解决什么问题,才能更好地应用 BIM 技术辅助项目管理。

对于业主而言,实际需求在于利用 BIM 技术来有效控制投资成本、提高建设过程的效率,同时积累精确、可用的竣工及运维模型和数据,以支持后续的运维服务。此外,BIM 技术还可实现项目管理的信息化和数字化,进一步提升项目管理工作效率。但是,大多业主方推进 BIM 技术应用的行动仍然迟缓。究其原因如下。

(1)重视程度低

受传统观念的影响,部分业主方更关注与业务相关的拿地、融资、成本控制等,在 BIM 技术、智能建造技术、数字化协同管理等技术上的热情不高,不愿意付出相应的成本进行新技术的探索和应用。

(2)BIM 应用试点项目效果不佳

多数业主方对 BIM 技术有一定的认知和兴趣,并选择项目进行试点,以验证 BIM 技术实际效果和效益。但是,由于 BIM 技术不成熟、数字化管理体系不完善、试点项目选型不合理、实施方法不合适等导致 BIM 技术应用实际效果与预期相去甚远,ROI(投资回报率)不高,企业从而失去了应用 BIM 的热情。

为了促进业主方在项目全生命期的 BIM 技术应用,可建立由业主方主导、业主方 BIM 总顾问统筹的 BIM 应用体系,由专业的 BIM 顾问辅助业主确定项目全生命期 BIM 应用需求、BIM 实施方案、BIM 评价体系等,确保项目 BIM 应用的成功实施(图 2-7)。

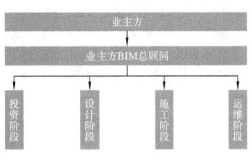

图 2-7　业主方 BIM 实施体系

2.2.3　咨　询　方

随着广东省建筑业领域信息化技术的发展和应用落地,BIM 在工程项目全生命期各阶段的应用持续加深。

然而工程项目设计、施工、运维等不同阶段对 BIM 的应用需求和目的都各有不同,技术方法和管理模式也存在较多差异。在 BIM 应用实施过程中,不同阶段模型创建、计算分析、模型信息管理等的需求不同,对 BIM 应用单位的技术能力提出了极大的考验。为了应对这些专业性强、技术壁垒较高、客户需求差异大等众多 BIM 应用相关难题,BIM 咨询服务商便出现了。

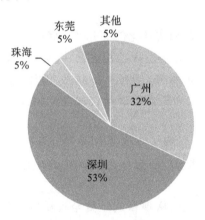

图 2-8　广东省 BIM 单位地域分析

(1) 广东省 BIM 咨询单位分析

广东省 BIM 咨询方的单位性质呈现多样化,有专业的 BIM 软件研发公司、主营 BIM 业务并服务于业主方或者承包方的咨询公司、传统的建筑工程咨询公司、业务涉及 BIM 咨询的设计单位、业务涉及 BIM 咨询的施工单位等。

据不完全统计,目前广东省共有 100 余家企业单位提供 BIM 咨询服务(图 2-8)。其中,广州有超过 20 家企业对外提供 BIM 咨询服务。广东省超过 50% 的提供 BIM 咨询服务的企业都在深圳。

另外,广东省有十几家高校成立了 BIM 组织,在提供 BIM 教育和技术交流服务的同时也对外提供 BIM 咨询服务。

对提供 BIM 服务的单位性质进行分析,可以明显看出,有近 60% 的单位专门从事 BIM 技术咨询,这些单位中有行业内比较大型的信息咨询公司,如广东国信建筑信息技术咨询有限公司等,其他以近几年成立的小微企业为主。这在一定程度上体现了市场对 BIM 技术发展的信心,同时也加剧了行业的竞争。

同时,大多数设计、施工、软件开发等单位在自身经营业务的基础上,积极发展技术创新,在满足自身 BIM 需求的同时,也对外提供 BIM 服务。这类单位体量大、基础业务多、市场关系庞杂,抢占了大多数 BIM 服务的订单。

整体来看,广东省提供 BIM 咨询服务的单位众多,设计、施工、软件开发等行业各个方向均有相应的 BIM 咨询服务商,市场活力足。但目前广东 BIM 咨询仍以单阶段、单需求的咨询服务为主。往往以服务项目某一个特点阶段为工作周期,其中以设计阶段建模、施工阶段各单项应用为普遍的服务方式。提供的 BIM 咨询服务也以单阶段模型的创建、碰撞审查为主,通常由一家 BIM 咨询单位独立完成建模、点式应用,与项目其他参加各方基本无互动、协作程度低。这种咨询应用模式没有很好地发挥 BIM 全生命期信息的优势,从而降低了 BIM 带来的效益。广东省 BIM 单位类型分析见图 2-9。

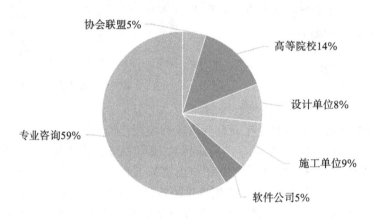

图 2-9　广东省 BIM 单位类型分析

(2) 全过程 BIM 咨询介绍

2020 年 8 月 28 日,住建部、教育部、科学技术部、工业和信息化部等九部门联合印发《关于加快新型建筑工业化发展的若干意见》,意见提出:要发展全过程工程咨询,大力发展以市场需求为导向、满足委托方多样化需求的全过程工程咨询服务,培育具备勘察、设计、监理、招标代理、造价等业务能力的全过程工程咨询企业。在大力提倡发展全过程咨询的背景下,全过程 BIM 咨询越来越受到重视。

2022 年,中国工程建设标准化协会发布《建筑工程全过程工程咨询 BIM 应用标准(送审稿)》,规范和引导建筑工程全过程 BIM 应用咨询,推动建设项目全生命期 BIM 集成化、系统化应用。

项目全过程 BIM 咨询服务是一种为业主或代建方提供从项目起始直至运维阶段的专业 BIM 支持和管理服务。在这种服务模式下,业主或代建方将委托一家独立、第三方的 BIM 咨询公司(顾问)来负责整个建设项目在设计、施工和运维各个阶段的 BIM 应用实施。其核心是以业主需求为出发点,结合项目特色,策划并管理项目全过程全参与方的 BIM 实施工作,提升项目整体效益。通过在项目全生命期的 BIM 应用,可实现信息共享,工作协同,内部共享信息透明化,对生产经营活动进行统一化、集约化管理,从而降低信息传递与沟通成本,提高工作质量与效率。全过程 BIM 咨询具有以下特点。

(1) 重视全过程应用策划

全过程 BIM 咨询以满足业主管理目标为出发点,以终为始,分析为实现最终管理目标而需要在项目各阶段、各管理板块实施的 BIM 技术服务内容,定义 BIM 应用点、应用流程、建模深度、交付标准等,贯穿项目生命期。

(2) 涵盖项目全生命周期

全过程 BIM 咨询在统一 BIM 应用标准的框架下,从方案设计到竣工验收移交,乃至运营维护阶段,涵盖全生命周期。

（3）全员参与

全过程 BIM 咨询通过制定项目 BIM 应用规则，包括定义 BIM 应用点、应用流程、建模深度、交付标准等，将各个项目参加单位融合在一个应用规则下开展工作，实现信息的及时获取、参建方之间信息的流转和交互，辅助业主决策。

2.2.4 设 计 方

广东省建筑行业甲级设计院超过 260 家，主要分布在广州、深圳等珠三角城市。其中，深圳市建筑设计研究总院、广东省建科建筑设计院等大型设计院早在 2018 年就积极开展 BIM 技术在建筑设计领域的研究和应用，经过多年的技术发展和积累，目前已形成较为完善的 BIM 技术应用体系，积极促进广东省 BIM 技术的发展（图 2-10）。

然而，相较于如此庞大的设计院基数，参加 BIM 比赛的设计院数量显得较少。根据 2022 年广东省第四届 BIM 应用大赛的统计数据，设计组共收到 98 份有效的申报项目，其中广东省有 36 家设计院参赛，仅占广东省甲级设计院总数的 14％。

造成部分设计院对 BIM 技术兴趣不高的原因主要还是投资效益，对他们来说，花费较大的成本来培养 BIM 设计团队、改变当前的设计工作流程和设计习惯获得的效益提升是微小的。

大部分已经使用了 BIM 技术的设计院，目前主要是利用 BIM 进行辅助设计，通过三维建模、碰撞检查等来检验设计错误，减少返工率等。其他例如能耗分析、光照分析等建筑功能的分析计算，仍采用传统的 CAD 绘图等方式，很少进一步挖掘 BIM 模型的价值。

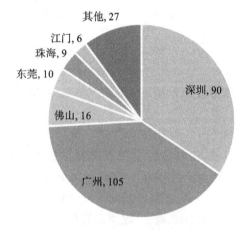

图 2-10 广东省设计院地域分析

2.2.5 施 工 方

根据住建部最新统计分析，目前广东省共有工程建设企业数量 9257 家，其中特级企业 38 家。庞大的施工企业数量加剧了行业的竞争，也扩大了不同企业之间的实力差距。

目前，广东省施工企业的 BIM 技术应用水平差异较大，一些特级企业已经充分认识到 BIM 技术的重要性，投入了大量的成本，并建立了专门的 BIM 技术中心进行 BIM 技术的研究应用和探索，进行 BIM 应用试点。在 2020 年 10 月，广东建筑工程集团正式揭牌成立了 BIM 技术中心，作为建筑建造数字化、智能化的重要抓手，以及 BIM 技术人才的培育中心，推动集团 BIM 应用能力提升和建造方式向数字化、智能化转型。

大量的施工单位仍未充分重视 BIM 技术，没有建立企业内部的 BIM 应用体系，处于较为被动的状态。当有 BIM 需求时，这些企业便需要寻求专业的 BIM 咨询技术服务，这种情况也在一定程度上促进了专业 BIM 咨询服务的发展，提高了广东省 BIM 市场的活力。

从总体趋势来看,近些年,施工企业的 BIM 应用积极性已经有了很大的提高,主要有三方面的原因。

(1) 政府相关政策的引导和要求

近几年,广东省住建厅、广东各地级市、地区积极贯彻落广东省政府关于推进 BIM 技术工作部署的具体行动,发布了一系列促进 BIM 技术应用的政策和意见,这些政策有力提高了施工企业进行 BIM 技术应用的积极性。

(2) 业主方招标要求

随着 BIM 技术发展,越来越多业主认识到 BIM 技术的优势,因此往往在施工招标中写明了 BIM 技术要求,这迫使施工单位不得不转变态度,去主动学习和应用 BIM 技术。

(3) 对 BIM 价值的认可

较多大型施工企业在多年前就已经积极开展了 BIM 技术的研究应用和项目试点,通过实际项目应用肯定了 BIM 技术的价值,进一步提升了其发展 BIM 技术的积极性。

2.2.6 软 件 商

BIM 技术的应用离不开大量的 BIM 软件,包括 BIM 建模、计算分析、动画模拟、协同管理等。

(1) 国外的 BIM 软件服务商

目前,BIM 软件主要有来自美国的 Autodesk(欧特克)、匈牙利的 GRAPHISOFT(图软)、法国的 DASSAULT(达索)、美国的 Bently。

Autodesk 是世界领先的设计软件和数字内容创建公司,用于建筑设计、土地资源开发、生产、公用设施、通信、媒体和娱乐。旗下的 Auto CAD、Revit、Navisworks 等软件在 BIM 应用中占据绝对的优势和主导地位。

GRAPHISOFT(图软)公司于 1982 年在匈牙利首都布达佩斯创建,其主打产品 ArchiCAD 软件多用于建筑专业 BIM 设计,近两年也逐渐在其他专业进行拓展应用,优势在于对大模型的处理能力较强。

Bentley 公司是一家基础设施工程软件公司,创立于 1984 年。Bentley 软件系列主要用于基础设施领域的建设,并占有很大的市场份额,软件支持复杂曲面的建模。

DASSAULT 公司的 CATIA 是全球著名的机械设计参数化建模平台,常被用于大型复杂结构的模型建立,为此公司开发面向建设领域的 DigitalProject(DP)软件,并可直接创建多个形体集合控制的表面。但软件功能的学习较为困难,并且还不能充分支持模型出图。

其他的国外 BIM 软件商有芬兰的 BIM 协同软件 Solibri、日本的机电设计软件 Rebro 等,这类软件因其进入中国市场较晚、软件的本土化建设不足等,市场占有率较低。

(2) 国内的 BIM 软件服务商

BIM 建模和应用类软件的核心技术是三维图形技术,它需要大量的底层研发工作。目前,国内的 BIM 设计建模软件市场仍然被国外软件厂商占据,国产化率低。国内的广联达、鲁班、品茗、红瓦科技等在 BIM 国产软件的发展上做出了突出贡献,开发出了大量 BIM 应用工具。

广联达作为国内领先的 BIM 软件服务商,针对 BIM 建模和应用推出了各类应用软件。例如早在 2020 年就推出的 BIMMAKE 建模软件,但其经过 3 年的发展,市场占有率仍然较低;面向施工动画模拟软件 BIMFILM,因其操作简单、易上手等优点,在市场上应用较多;面向算量的各类产品,经过多年发展,已经在市场上普及。

鲁班、品茗、红瓦科技等软件商也开发了大量 BIM 相关的应用软件,这类软件大都基于 Autodesk Revit 软件,以插件的形式辅助 BIM 建模和计算分析,有效提高了 BIM 应用的效率。

（3）新型软件服务商

在主流 BIM 建模分析软件之外,BIM 技术逐渐与互联网、GIS、人工智能、物联网、大数据等结合,催生了大量的 BIM＋GIS 平台、BIM5D 平台、BIM 设计协同系统、全过程 BIM 协同平台、智慧工地平台等众多的平台系统。这类系统平台的提供商来源众多,有大型软件厂商,如广联达、斯维尔等;也有传统的设计施工企业,如广东省建筑科学研究院;国内部分高校也研发出了较有市场竞争力的平台产品,如上海交通大学 BIM 技术研究中心推出的面向设计阶段的天磁 BIM 协同平台等。

其中,广东省建筑科学研究院依托自身技术优势和行业站位,以 BIM 技术创新发展为目标,开展了大量建筑信息化相关研究工作和业务发展。针对建设全过程 BIM 协同管理,2022 年初广东省建筑科学研究院开发了建科 BIM 协同管理平台,平台以工程信息数据为基础,面向业主、设计方、施工方等参建单位提供信息化管理的整体解决方案,实现工程各参与方共享工程数据信息、高效协作、协同管理。2022 年底,建科智慧工地综合管理信息平台发布。该平台覆盖施工现场"人、机、料、法、环、安、质"方面,以物联网、AI、BIM 为技术支撑,实现集感知、记录、分析、预警、处理全生命期的智慧工地管理新模式,提升工程项目监管效率和精度(图 2-11)。

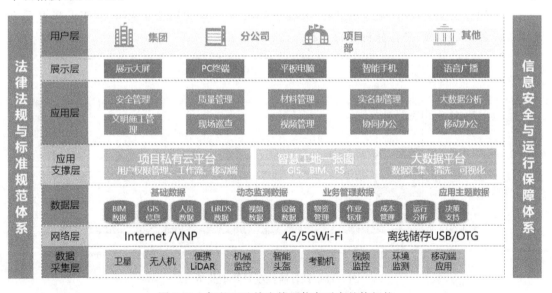

图 2-11　智慧工地综合管理信息平台整体架构

2.3　项目应用环境分析

2.3.1　设计阶段应用环境

从细分阶段来看,在设计阶段前期的规划、勘测和可行性分析阶段,BIM 技术的应用较少。设计阶段中后期的初步设计阶段和施工图设计阶段,BIM 技术的应用越来越深入,成熟度也越高。

①规划设计阶段:在前期设计阶段,由于设计方案的不确定性等以及设计分析的要求,需要对设计方案进行大量重复的改动。而市面上的 BIM 软件较多是面向设计细节,在方案的调控上不及建筑方案规划软件便捷,因此,在规划设计阶段建筑师们往往都不愿意利用 BIM 进行方案设计。

②初步设计阶段:较多设计院已经在尝试利用 BIM 软件出图,减少工作量,提高效率,并且 BIM 具备信息的传递性,在初步设计深化的模型信息可以传递到施工图设计阶段,在施工图设计阶段只需继续深化即可出图。

③施工图设计阶段:基于较为成熟的 BIM 技术体系和 BIM 团队,很多大型设计院已尝试在施工图设计阶段推行 BIM 设计,利用 BIM 绘制施工图纸、进行设计方案优化等。另外,根据政府数字化图审要求、业主 BIM 技术应用要求等,在施工图设计阶段 BIM 应用更加被重视,通过 BIM 进行建筑功能分析优化、细部构造优化设计等,提高了施工图设计的质量和效率。但受限于软件效率、团队建设等因素,距离完全基于 BIM 的施工图设计仍有较远的路要走。

从不同建筑类型的 BIM 应用来看,可根据 2022 年广东省第四届 BIM 应用大赛中设计组参赛项目(共 98 项)进行分析(图 2-12)。

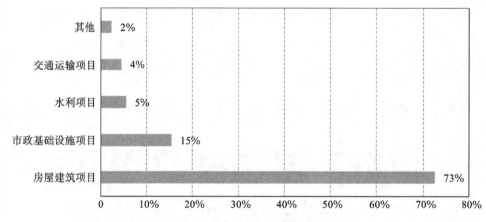

图 2-12　设计阶段项目类型分析

设计阶段应用 BIM 技术的项目类型以房屋建筑项目居多,超过参赛项目的 70%。当然这在一定程度上是因为房屋建筑项目数量比其他类型的项目多,但也说明设计阶段房屋建筑项目的 BIM 应用更为成熟,市场占有量大。市政基础设施相关的项目占比为 15%,设计阶段 BIM 技术在地铁、市政桥路、管廊、隧洞等的应用也愈发成熟,大量的项目开始使用 BIM 辅助设计深化和施工图绘制。另外,在水库水闸、水利枢纽等水利项目、铁路桥梁等交通运输项目的设计过程中,部分项目也积极引入 BIM 技术进行设计优化。

整体来看,无论是设计过程中各阶段 BIM 技术的应用,还是不同建筑类型在设计过程中采用 BIM 进行设计优化的发展趋势,设计阶段 BIM 技术发展日益成熟,企业对 BIM 价值的认知提高,项目对采用 BIM 进行设计的意愿增强。

2.3.2　施工阶段应用环境

从细分的阶段来看,施工阶段各过程 BIM 应用环境差异较大,侧重点和应用方向也各有不同。

①施工深化:BIM 在施工深化中的应用,较多以 BIM 建模、施工优化调整等为主,优化后的模型具有实际的施工指导价值,因此项目各参建单位主动使用 BIM 的意愿度高,从而激励了 BIM 技术的广泛应用和落地。

在施工图纸深化过程中,更多的施工单位选择利用 BIM 辅助相关工作,并且积极性较高,其原因主要有:一是在创建并深化 BIM 模型的过程中,可以加深对施工图的理解和认知;二是可以借助 BIM 模型三维可视化的优势,在进行施工模型深化的过程中,复核设计方案,及时发现设计错漏等问题,减少后期不必要的返工,降低施工成本;三是通过施工深化 BIM 模型来复核工程量计算。

在专项施工深化中,例如钢结构、机电安装等专业,由于设计单位提供的施工图无法满足材料、设备施工安装实际需求,且专业性强、设计要求高,因此钢结构分包、机电安装单位也更多选择利用 BIM 进行施工深化。

②施工过程管理:BIM 在施工过程管理中的应用有两类。

第一类是依托智慧工地平台、BIM5D 平台等的平台化应用。这类应用建立在较高的项目数字化管理水平基础上,在实际项目应用中,既有的智慧工地平台等产品由于与既有的施工管理体系未能很好融合,导致无法发挥出应有的价值,甚至带来了成本的增加。因此,施工总包单位主动应用主要是政策鼓励、合同要求等。

第二类应用是基于 BIM 的可视化模拟与管理,包括三维模拟交底、数字沙盘展示等。可视化的应用更多变成了施工方案动画制作,但从时效性、成本等角度来看,已经失去了 BIM 模型的优势。因此其大多用在一些重大项目的配合展示或对外宣传等。

③竣工交付:BIM 在广东省建设项目竣工阶段的应用较少,针对 BIM 竣工交付,广东省《建筑信息模型交付标准》正在编制中,该标准发布后将会规范广东省 BIM 竣工交付应用,完善广东省建设工程全过程 BIM 应用的环境。

从不同建筑类型的 BIM 应用来看,可根据 2022 年广东省第四届 BIM 应用大赛施工组参赛项目(共 260 项)进行分析,如图 2-13 所示。

当前施工阶段使用 BIM 技术最多的项目类型是房屋建筑项目,占参赛项目的 78%。其次是市政基础设施项目,占 9%,随后是交通运输项目,占 8%,水利工程项目较少,占 2%,其他类型占 2%。房屋建筑项目参赛数量遥遥领先,庞大的项目基数给了房屋建筑项目 BIM 应用最好的技术应用和发展环境;市政基础设施和交通运输行业的建设项目也积极应用

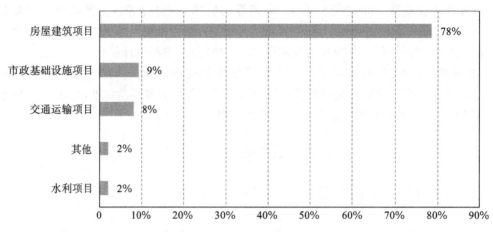

图 2-13 施工阶段项目类型分析

BIM 技术,推进其施工生产的数字化转型发展。

整体来看,施工阶段的 BIM 应用环境整体在变好,无论是政策驱动、业主主导,还是施工单位自发使用,更多的单位愿意去了解和尝试应用 BIM 技术,共同促进了广东省建设工程项目施工阶段 BIM 技术的应用落地和创新发展。

2.3.3 运维阶段应用环境

BIM 运维是指 BIM 技术与建筑运营维护管理系统相结合,对建筑的空间、设备资产等进行数字化智能化管理,降低运营维护成本。具体实施中通常利用物联网、云计算技术等将 BIM 模型、运维系统与移动终端等结合起来,并利用人工智能、大数据分析等,最终实现设备运行管理、建筑能耗管理、智慧安保等功能。

2022 年广东省第四届 BIM 应用大赛中的关于运维阶段的项目少之又少,提到运维管理的仅 6 份,包括深圳市中医院某院区项目、广州白云区某安置区项目等。在这些项目中,基于 BIM 的运维管理更多在未来展望中被提及,仍处于研究探索阶段。

2.4 技术环境分析

2.4.1 "BIM+"的多技术融合

当前技术融合已成为 BIM 发展的主要趋势,"BIM+"将促进管理模式的变革与创新。如 BIM+项目管理系统,BIM+云平台,BIM 与大数据、物联网、移动技术、人工智能,BIM+GIS,BIM+3D 打印等集成应用,将改变施工项目现场参建各方的交互方式、工作方式和管理模式。目前 BIM 技术应用已经进入常态化的应用落地状态,但 BIM 应用管理却处于起步阶段,主要表现为 BIM 应用主体仍为一线生产人员,项目或企业管理层和决策层应用 BIM 的人员数量仍然比较少,这也是 BIM 应用和项目管理不能有效结合的主要原因,需要通过推动企业和项目的管理层掌握 BIM 应用来实现转变。

2.4.2　"云加端"的应用模式

经过多年发展,广东省项目 BIM 应用逐渐往"云加端"的方向发展,如设计阶段的 BIM 协同管理平台、施工阶段的 BIM5D 协同管理平台、BIM＋智慧工地协同管理平台等。

在数字化时代的急速发展背景下,客户端技术如物联网和移动应用经历了突飞猛进的发展与广泛的应用。这些技术的进步,借助云计算与大数据这类服务端技术的力量,实现了真正意义上的联合协作。这为工程现场提供了诸多便利,包括但不限于数据与信息的即时采集、效率化的分析处理、无缝的信息发布以及方便快捷的存取渠道。这些进展催生了"云加端"的应用新模式,利用网络基础设施作为沟通桥梁,实现跨界协同。

这种基于网络的多方协同应用方式与 BIM 技术集成应用,形成优势互补,实现施工现场不同参与者之间的实时协同与共享,对现场管理过程的实时监控起到了显著作用。

2.4.3　BIM 与项目管理系统的集成应用

在 2022 年广东省第四届 BIM 应用大赛中,智慧工地的应用占 52.3％,BIM5D 管理平台的应用占 25.8％。随着技术的发展,BIM 的应用不再局限于建模、深化、模拟等基础应用,而是往基于 BIM 模型进行项目全方位管理的平台发展,BIM＋项目管理平台更有助于项目管理层对项目的精细化管理。BIM 与项目管理系统的集成应用将提高工程项目管理过程中的各业务单元之间的数据集成和共享,有效促进技术、生产和商务三条线的打通与协同。

2.4.4　创新技术应用

在 2022 年广东省第四届 BIM 应用大赛中,BIM 的应用内容越来越多,涌现出许多具有创新意义、可复制的 BIM 创新应用点,如 3D 扫描、参数化设计、BIM＋GIS、人工智能、放样机器人等。建筑行业 BIM 技术的应用已经逐渐从起步阶段的三维建模,发展到了全过程数字信息技术的应用,更关注信息的自动化、智能化处理,有力推动 BIM 行业的进一步发展。

2.5　人才状况分析

根据广东省统计信息网统计数据,2022 年广东省建筑业企业就业人员共计 344.36 万人,其中工程技术人员 38.73 万人。庞大的工程技术人员规模为 BIM 技术的发展和应用提供了良好的人才基础。

2.5.1　人才建设现状

经过多年的发展,广东省已经初步建立起了以政府为主导,各高等院校、相关企事业单位、各协会组织共同协作的 BIM 人才建设体系。

（1）政府主导的人才建设

近年来,在广东省住建厅的指导下,广东省各住建局积极展开 BIM 人才建设,通过建立 BIM 专家库、普及 BIM 技术教育、分享 BIM 典型案例、举办 BIM 技能竞赛等全面推动广东省 BIM 人才建设。

2018—2022 年,由广东省住建厅指导,广东省 BIM 技术联盟主办的"广东 BIM 公益行"活动,累计已完成 20 余个城市的宣讲活动,包括广州、佛山、中山、汕头、梅州、云浮、惠州等地。参与宣讲者近 1 万人次,分发 BIM 宣传资料 1.5 万份。

2021 年 8 月,佛山市建立了佛山市建筑信息模型(BIM)标准专家评审委员会,由 36 名 BIM 技术专家组成。

2022 年 4 月,深圳市住建局召开全市 BIM 典型案例经验分享会,面向政府相关工作人员和行业业务骨干,要求大家深刻认识 BIM 技术的重要性,提高认识,加强学习。

2022 年 4 月,在广东省住建厅指导下,由广东省 BIM 技术联盟主办的 2022 年广东省第四届 BIM 应用大赛正式启动。来自全省各地区的 700 余家单位共 2376 人报名参加了此项比赛。

2022 年 8 月,东莞住建局发布《关于免费学习 BIM 技术与工程课程的通知》,面向社会中专或以上学历的工程技术人员提供免费的 BIM 技术培训。

2022 年 8 月,广东省住房城乡建设行业职工职业技能竞赛组委会办公室印发《关于印发 2022 年广东省住房城乡建设行业建筑信息模型(BIM)技术员职工职业技能竞赛技术文件的通知》,超过 200 名 BIM 技术人员参加了该项竞赛。

(2)高等院校 BIM 教育

在 BIM 技术快速发展的同时,广东省各高等院校也积极成立 BIM 技术研究中心,进行 BIM 教育、创新技术研究。

2016 年 12 月,华南理工大学成立建筑全生命周期管理虚拟仿真(BIM)中心,经过多年的发展,在学生创新实践成果、国际学生设计竞赛、国家级教学奖励、国际合作交流等方面取得了较为显著的教学效果。

广东工业大学紧跟 BIM 技术发展潮流,积极展开 BIM 技术的研究和教学工作。2021 年 1 月,广东工业大学举办南海 BIM 研究中心战略合作签约启动仪式,加快推进 BIM 技术在规划、勘察、设计、施工和运维全过程集成应用研究。

广州城建职业技术学院积极进行 BIM 技术教育,并多次获得国内外高水平 BIM 大赛奖项。通过"以赛促教、以赛促学、以赛促改、以赛促建"的理念,培养了大量的 BIM 人才,为 BIM 技术职业教育高质量发展贡献了重要力量。自开设了工程造价(建筑信息管理 BIM 方向)专业以来,经过多年发展,已培养专业的 BIM 人才数百名。

广东省其他高等院校也在持续进行 BIM 技术的研究创新与人才教育,深圳大学、东莞理工学院、广东建设职业技术学院、茂名职业技术学院等组织学生 BIM 协会,召开 BIM 技术学习和技术交流活动,促进了 BIM 人才的培养。

(3)企业人才培养

通过这几年 BIM 应用的扎实推进,企业对 BIM 的需求逐渐加大,需要越来越多的能够熟练掌握并运用 BIM 技术的人才。如今 BIM 技术正处于快速发展阶段,广东省各类企业对 BIM 技术人才的需求越来越大,为此,大部分企业针对 BIM 人才培养建立了一系列制度,通过组织技术学习、举办 BIM 比赛等激励员工进行 BIM 学习,培养 BIM 人才。

2022 年 8 月 29 日,2022 年广东省建筑工程集团职业技能大赛——建筑信息模型技术员职业技能竞赛成功举办。该竞赛由广东省建筑工程集团主办、广东省建筑科学研究院及所属创研院承办,共有 15 个单位的 75 名选手参加决赛。

BIM 比赛激励和引导企业广大技术人才学练技能、奋发成才,构建 BIM 技能人才成长平台,促进企业高质量快速发展,具有十分重要的意义。

2.5.2　人才供需现状

从人才现状来看,目前 BIM 技术人才的供需矛盾仍异常突出。BIM 人才要求有建筑、结构、机电管综等专业知识和软件操作能力,而现有人员基本是从其他专业转化过来的,需要学习大量跨学科的知识,难度大、时间长、成才慢。旺盛的市场需求和缓慢的人才供应两者之间的不平衡,导致供需矛盾异常突出。

建筑信息化是建筑业的发展趋势。随着信息化发展,大型企业应积极开发资源,看准发展趋势,将信息化作为推动行业发展的关键要素,大力推进建筑业信息化发展。建筑业信息化的发展需要大量 BIM 信息化人才作为后备力量,既需要具备计算机编程与项目管理的双重技术能力的 BIM 操作人员,也需要掌握 BIM 建模高级技能的建筑信息化的实用性人才和从事项目管理、高层团队管理工作的 BIM 项目管理人员。

第3章 广东省 BIM 应用情况

3.1 典型应用统计分析

3.1.1 设计阶段 BIM 应用

随着 BIM 技术的普及和不断发展，广东省各建设项目中应用 BIM 技术进行建筑设计的比例越来越高。为了描述 BIM 技术在设计阶段的典型应用场景，以及各应用场景的实际使用率，对 2022 年广东省第四届 BIM 应用大赛设计组的 98 项参赛作品中 BIM 应用点进行统计分析。

如图 3-1 所示，设计阶段 BIM 应用场景较为丰富，从项目规划阶段的方案比选、建筑性能模拟，到施工图设计阶段的设计深化、施工图审查，BIM 应用基本覆盖了项目设计的全过程。BIM 应用不再局限于三维展示、碰撞检查等单一的应用，BIM 模型中信息的深度挖掘应用开始得到重视，并逐渐与建筑分析计算等建筑设计过程中的应用进行结合，实现一模多用的效果，有效提高了 BIM 模型的使用价值。其中，三维展示、建筑性能模拟、管线综合设计等较为典型的 BIM 应用场景在项目中的使用率不低于 60%，设计协同、图纸校核、碰撞检查、净高分析等场景的使用率占 50%。

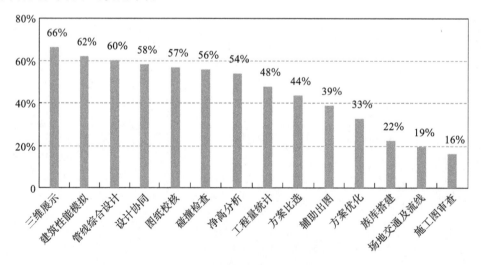

图 3-1　设计阶段典型应用场景分析

如图 3-2 所示，在黄埔某项目的设计过程中，通过 BIM 模型进行设计方案的可视化展示和技术交底，更加形象直观，其他专业设计人员对复杂位置的设计方案一目了然。

图 3-2　设计方案三维可视化展示

除了利用 BIM 进行可视化展示，在设计阶段另一重要的 BIM 应用是建筑性能分析模拟。根据统计，本届 BIM 大赛 45 个项目在设计过程中基于 BIM 进行了建筑性能模拟，对这 45 个项目建筑性能模拟的具体内容进行了统计。如图 3-3 所示，经常应用到的模拟分析主要有：声环境分析（包含噪声分析、声学效果分析等）、热环境分析、风环境分析（室外和室内风环境模拟）、能耗分析计算、采光分析、日照模拟等。其中风环境分析被应用的比例最高，有 96% 的项目在建筑性能模拟分析中利用 BIM 模型进行风环境的模拟分析。有 30% 左右的项目在传统的风、光、热三大项分析之外，关注

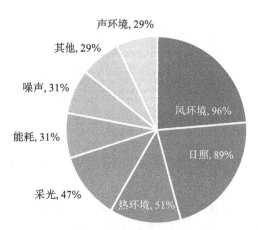

图 3-3　建筑性能模拟分析统计

建筑环节的绿色、低碳以及舒适度的改善，并进行了噪声、能耗等的分析。

超过 16% 的设计项目还探索和应用了基于 BIM 模型的设计审查。这些设计单位对设计规范标准中的条文进行梳理，并通过可视化编程软件（如 Dynamo、Grasshopper）、模型审查软件（如 Solibri、Autodesk Model Checker）等建立 BIM 模型检查规则集，从而实现建筑合规性设计的自动化审查，有效提高了设计质量。还有部分设计项目利用广州市 CIM 平台、深圳市基于 BIM 的工程报建系统等平台实现了设计项目 BIM 审查和报建。

如图 3-4 所示，在广州南沙某设计项目中，在施工图模型与算量模型阶段，使用 Autodesk Model Checker 对模型进行标准规范性检查，确保每个模型的构件、信息符合技术标准与产品标准的要求，满足后期的模型算量与数据的流转要求，满足广州 BIM 三维模型审查要求。

此外，本届 BIM 大赛的参赛作品中也涌现了大量的 BIM 技术创新应用，举例如下。

图 3-4　广州南沙某设计项目进行标准规范性检查

①BIM 技术＋倾斜摄影技术的创新应用。利用低空无人机航空摄影测量建立设计项目场地的实景三维模型,结合 BIM 技术进行设计规划、方案优化等。

②参数化设计。通过 Dynamo、Grasshopper 等可视化编程的插件,根据设计方案建立参数化设计工具,实现通过修改设计参数进行设计方案的快速自动调整,让设计随时可调,大大地降低了人力成本,缩短了时间。

③BIM 插件开发。为了满足不同专业的工作需求,提升 BIM 设计的工作效率,较多项目自主研发了二次插件,辅助进行 BIM 快速建模、计算分析等。

④BIM 技术＋三维激光扫描仪的创新应用。在勘察和初步设计阶段,为了快速进行场地踏勘,获得场地中树木、既有建筑等的准确位置边界,一些项目利用三维激光扫描的方式对项目场地进行快速扫描,获得周围环境情况,并结合 BIM 技术建立场地 BIM 模型,辅助设计工作的进行。

⑤BIM 技术＋3D 打印技术的创新应用。利用 3D 打印技术对设计 BIM 模型进行高精度打印,以实物的形式呈现设计方案,加深各设计参与方对设计方案的理解,提升设计沟通的效率。

⑥基于 BIM 技术的碳排放分析。部分设计项目使用 BIM 进行碳排放专项分析,通过开发碳排放计算插件等研究建筑的碳排放组成结构、计算碳排放量,优化设计方案,实现绿色建筑设计目标。

3.1.2　施工阶段 BIM 应用

得益于庞大的施工项目基数和 BIM 技术创新应用,广东省的 BIM 技术应用基本实现了项目施工全过程全覆盖,从项目施工、项目管理、施工深化、施工方案优化、施工过程控制、施工质量监管,到最后的竣工验收,每个环节都有 BIM 技术的深度应用。本书根据 2022 年广东省第四届 BIM 应用大赛中的参赛项目,进行施工阶段 BIM 典型应用点分析,共收到施工组有效样本 260 组,分析得到的各典型应用在项目中的应用占比如图 3-5 所示。

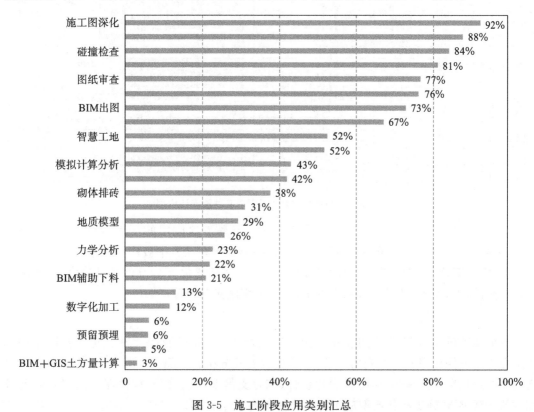

图 3-5　施工阶段应用类别汇总

由图 3-5 可知,施工阶段 BIM 的应用场景更加丰富,种类繁多。从项目应用占比超过92％的施工图深化,到仅在个别项目中被应用的放样机器人等应用点,超过 20 项的 BIM 典型应用场景展现了广东省 BIM 应用的活力。碰撞检查、施工图深化等已经在超过 80％的项目中被广泛应用,利用 BIM 技术三维可视化的优势,通过 BIM 进行项目施工深化的方式正在改变传统的以 CAD 为主的工作流程,在项目生产中发挥 BIM 的价值。有超过 67％的项目在 BIM 模型可视化的基础上,深度挖掘模型中的数据价值,基于 BIM 模型进行工程量统计、一键出图等。如图 3-6 所示,在广州增城某项目中利用 Revit 软件对梁板柱、墙板、主墙体之间自动扣减,并导出对应区域的混凝土工程量及工程信息,有效减少了造价人员的工作量,提高工程量计算的准确率。

除了这些典型应用,BIM 技术也与其他信息技术进行结合,从而产生了更多的创新应用场景。如 BIM 技术与物联网、互联网、人工智能等结合的智慧工地应用,在参赛项目中的应

列1	挂账日期	进场日期	材料类别	材料名称	规格型号	计量单位	技术参数	数量	预用单位	使用部位	预用数量	备注
4510	2021-06-15	2021-05-16	混凝土	商品混凝土	C35 普通 水下	m3		13.00	贵州地矿基础工程有限公司	颐养区桩基础	13	康夏楼AZ-01桩
4511	2021-06-15	2021-05-16	混凝土	商品混凝土	C35 普通 水下	m3		8.00	贵州地矿基础工程有限公司	颐养区桩基础	8	康夏楼AZ-29桩
4512	2021-06-15	2021-05-16	混凝土	商品混凝土	C35 普通 水下	m3		7.50	贵州地矿基础工程有限公司	颐养区桩基础	7.5	康夏楼AZ-65桩
4513	2021-06-15	2021-05-16	混凝土	商品混凝土	C35 普通 水下	m3		25.00	贵州地矿基础工程有限公司	颐养区桩基础	25	康夏楼BZ-09桩
4514	2021-06-15	2021-05-16	混凝土	商品混凝土	C35 泵送	m3		72.00	广州世金建筑劳务有限公司	康夏医院主体结构	72	B6负二层墙柱20#B~5/20轴交B轴~H轴(-10.6m~-6.05m)
4515	2021-06-15	2021-05-16	混凝土	商品混凝土	C35 泵送 P8	m3		63.00	广州世金建筑劳务有限公司	康夏医院主体结构	63	B6负二层外墙20#B~6/20轴交B轴~H轴(-10.6m~-6.05m)
4516	2021-06-15	2021-05-16	混凝土	商品混凝土	润管砂浆	m3		2.00	广州世金建筑劳务有限公司	康夏医院主体结构	2	B6负二层墙柱20#B~6/20轴交B轴~H轴(-10.6m~-6.05m)
4531	2021-06-15	2021-05-17	混凝土	商品混凝土	C35 泵送	m3		251.00	广州世金建筑劳务有限公司	康夏医院主体结构	251	B6负二层梁板楼20#B~6/20轴交B轴~H轴
4532	2021-06-15	2021-05-17	混凝土	商品混凝土	C35 泵送	m3		18.00	广州世金建筑劳务有限公司	康夏医院主体结构	18	B6负二层梁板楼20#B~6/20轴交B轴~H轴
4533	2021-06-15	2021-05-17	混凝土	商品混凝土	C35 泵送 P8	m3		35.60	广州世金建筑劳务有限公司	康夏医院主体结构	35.6	B6负二层梁板楼20#B~6/20轴交B轴~H轴(-10.6m~-6.05m)
4534	2021-06-15	2021-05-17	混凝土	商品混凝土	C35 普通 水下	m3		9.00	贵州地矿基础工程有限公司	颐养区桩基础	9	康夏楼AZ-30桩
4535	2021-06-15	2021-05-17	混凝土	商品混凝土	C35 普通 水下	m3		9.00	贵州地矿基础工程有限公司	颐养区桩基础	9	康夏楼AZ-31桩
4536	2021-06-15	2021-05-17	混凝土	商品混凝土	C35 普通 水下	m3		8.00	贵州地矿基础工程有限公司	颐养区桩基础	8	康夏楼AZ-32桩
4537	2021-06-15	2021-05-17	混凝土	商品混凝土	C35 普通 水下	m3		27.00	贵州地矿基础工程有限公司	颐养区桩基础	27	康夏楼BZ-10桩
4538	2021-06-15	2021-05-17	混凝土	商品混凝土	C35 普通 膨胀剂8%	m3		6.00	广州世金建筑劳务有限公司	颐养区桩基础	6	2层后浇带(1-20轴交A-T轴)(5.95m)
4539	2021-06-15	2021-05-18	混凝土	商品混凝土	C35 普通 水下	m3		8.50	贵州地矿基础工程有限公司	颐养区桩基础	8.5	康夏楼AZ-17桩
4540	2021-06-15	2021-05-18	混凝土	商品混凝土	C35 普通 水下	m3		68.00	贵州地矿基础工程有限公司	颐养区桩基础	68	康夏楼BZ-08桩
4541	2021-06-15	2021-05-18	混凝土	商品混凝土	C35 普通 膨胀剂8%	m3		6.00	广州世金建筑劳务有限公司	康夏医院主体结构	6	2层后浇带(1-20轴交A-T轴)(5.95m)
4542	2021-06-15	2021-05-18	混凝土	商品混凝土	C30 泵送	m3		104.00	广州世金建筑劳务有限公司	康夏医院主体结构	104	E3区九层墙柱(35.45~39.95m)(8轴~12轴交A轴~C轴)
4543	2021-06-15	2021-05-18	混凝土	商品混凝土	润管砂浆	m3		3.00	广州世金建筑劳务有限公司	康夏医院主体结构	3	E3区九层墙柱(35.45~39.95m)(8轴~12轴交A轴~C轴)
4544	2021-06-15	2021-05-18	混凝土	商品混凝土	C30 泵送 p6	m3		353.00	广州世金建筑劳务有限公司	康夏医院主体结构	353	E3区屋面震梁板楼(39.95m)(8轴~12轴交A轴~C轴)
4561	2021-06-15	2021-05-19	混凝土	商品混凝土	C35 普通 水下	m3		34.00	贵州地矿基础工程有限公司	颐养区桩基础	34	康夏楼BZ-07桩
4562	2021-06-15	2021-05-19	混凝土	商品混凝土	C35 普通 水下	m3		30.00	贵州地矿基础工程有限公司	颐养区桩基础	30	康夏楼BZ-11桩
4563	2021-06-15	2021-05-19	混凝土	商品混凝土	C35 普通 水下	m3		27.50	贵州地矿基础工程有限公司	颐养区桩基础	27.5	康夏楼BZ-12桩

图 3-6　广州增城某项目 BIM 工程量统计应用

用占比已经达到了 52%,超过 130 个项目进行了智慧工地应用的深度探索与创新发展。BIM 技术与传统的力学分析、建筑模拟分析等相结合,也在项目中被广泛应用。

此外,还有诸多 BIM 创新应用也被探索,如砌体排砖优化、Dynamo 辅助建模、数字化加工、放样机器人、无人机倾斜摄影、土方量计算、三维激光扫描等。

1. BIM 施工深化

当前施工阶段 BIM 施工图深化应用占比超过 92%,稳居榜首。为了进一步分析 BIM 技术在施工图深化中的典型应用场景,对其进行展开分析。如图 3-7 所示,在项目中应用占比较高的是预留孔洞深化、钢结构深化设计、综合支吊架深化、预制构件深化及钢筋节点深化。这 5 项 BIM 施工深化典型应用场景的占比均不低于 30%。

支架模板深化、幕墙深化、精装模型深化在项目中的应用也较多,占比超过了 20%。除上述较为典型的应用之外,部分项目也在探索 BIM 技术在施工深化中的创新应用。如通过编写自动化程序等实现现浇混凝土结构的智能配模、利用优化算法实现隔墙排布优化等。这些项目通过 BIM 技术的深化,辅助方案的确定,提前优化施工深化设计,避免施工返工,效果显著。

如图 3-8 所示,在深圳前海自贸区某项目中深入探索和应用 BIM 施工深化技术。通过创建 BIM 模型,优化机电管综预留洞口,避免土建结构施工后的二次开洞,提升了施工的效率和质量;通过 BIM 技术优化砌体结构,不仅有效减少了碎砖的使用,降低现场砌块损耗率,同时兼具美观效果,提高了砌体结构的施工质量;在完成管线综合模型设计后进行管综支吊架施工深化设计,在满足各专业规范、现场施工要求的基础上,力求做到简洁美观。

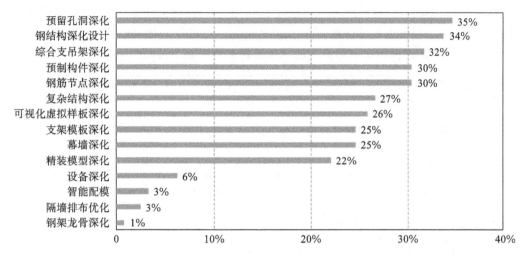

图 3-7　BIM 施工深化应用分析

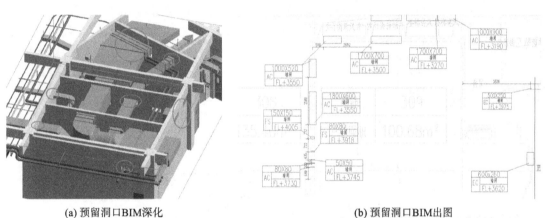

(a) 预留洞口BIM深化　　　　　　　　　　　(b) 预留洞口BIM出图

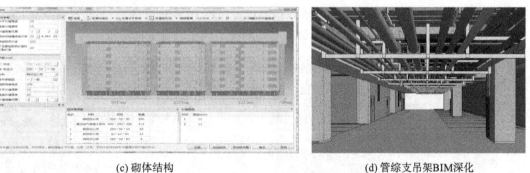

(c) 砌体结构　　　　　　　　　　　(d) 管综支吊架BIM深化

图 3-8　某项目 BIM 施工深化应用

2. BIM 施工模拟交底

施工阶段专项三维模拟交底应用占 88%,对其分析可得,应用最多的是模板支架施工交底,应用率达到了 30%,由此也可以看出在施工阶段模板支架的搭设,尤其是高支模等危大工程中,BIM 技术以其可视化等优点辅助现场施工人员进行复杂区域模板支架的搭设,保障施工安全。其次,应用较多的还有复杂区域混凝土施工模拟、(装配式)吊装模拟、基坑施工交底、装配式施工安装模拟,其应用率均超过了 20%。此外,部分项目在地下隧洞盾构施工、幕墙安装施工等过程中也积极探索 BIM 交底的应用。由此可看出,随着项目相关人员的不断深入挖掘,BIM 施工模拟交底的典型应用场景将会越来越丰富(图 3-9)。

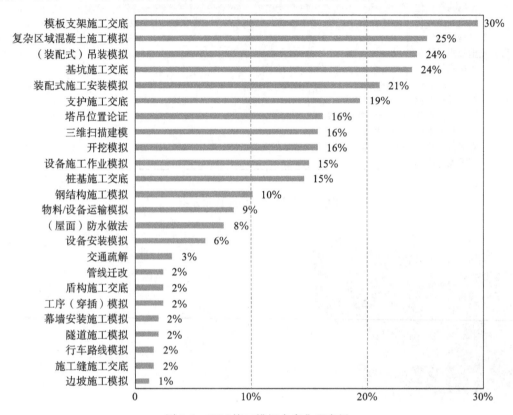

图 3-9 BIM 施工模拟交底典型应用

如图 3-10 所示,广东云浮某项目通过搭建设备房内 BIM 机电模型,制作漫游视频,实现可视化交底,丰富施工交底形式,技术交底不再局限于文字或者平面图纸。

(a) BIM施工交底

(b) 施工后现场图

图 3-10 广东云浮某项目 BIM 交底

对 BIM 交底方式进行统计分析,如图 3-11 所示,使用最多的是二维码交底。现场技术人员通过手机扫描二维码即可查看 BIM 模拟交底的视频、动画或者 BIM 模型等。同时,通过移动端(如 iPad 等)进行交底也较为常用。有部分项目尝试利用 AR 技术进行技术交底,也有采用 720 云平台的。此外,个别项目结合 BIM＋3D 打印,针对复杂区域的施工交底制作 3D 打印模型辅助技术交底,加深对施工方案的理解。

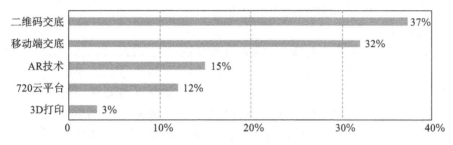

图 3-11　BIM 施工模拟交底方式分析

3.1.3　运维阶段 BIM 应用

通过对 2022 年广东省第四届 BIM 应用大赛中运维相关项目进行分析,运维阶段的应用内容主要如下。

(1) 智慧办公/事

在智慧运维阶段,基于智能门禁、RFID 定位芯片等技术,可对进入建筑或园区内的人员进行实时监测,辅助人员进行停车引导、办事引导等。

如图 3-12 所示,在深圳中医院某院区项目中,利用智慧运维平台,患者可在 APP 上提前预约挂号并填入信息。当患者进入院区时,视频门禁监测到患者进入,系统自动推送诊室位置信息,同时把患者信息传递给就诊医生。项目为患者提供距离对应诊室最近的车位指引,当患者停车后,指引其进入电梯,患者根据指引信息前往就医。

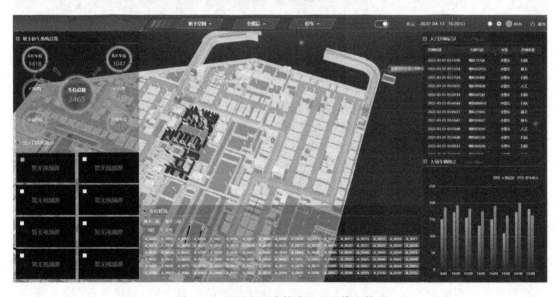

图 3-12　深圳中医院某院区人员停车管理

(2) 设施管理

在运维系统中,基于 BIM 模型集成运行参数、采购信息、厂商与供应商信息、维护保养联系信息、使用手册、维护保养手册、日常维护保养记录等信息。设施管理主要包括设施运行状态监测、设施维保等。设备管理广泛应用于现代化程度较高、需要大量高新技术的建设项目,如大型医院、机场、厂房等。

(3)空间管理

空间管理主要应用于建筑内部各空间的使用情况分析管理。以空间为基本单位,借助RFID 设备、环境感知传感器、智能摄像头等实现空间内环境等的实时感知与监测。

如图 3-13 所示,在深圳中医院某院区项目中,基于智慧运维管理平台对病房环境实行智能监控调节,控制室内温度、湿度,根据室外日照强度控制窗帘,调节室内灯光。床头终端设置智能体征监测和用药提醒系统,为病人提供人性化护理。同时,医生开具药单后通过物流小车送到对应诊室,根据监测系统实时查看药物。

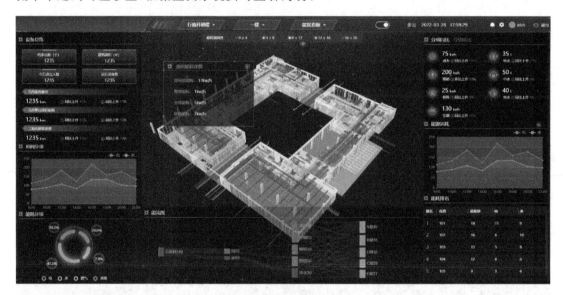

图 3-13 深圳某医院智慧运维环境管理

(4)能耗管理

在 BIM 技术及信息化手段的辅助下,能源消耗信息的实时捕获和记录变为可能。利用这些技术,管理人员可以借助直观的可视化图形界面,轻松地监控和审视建筑不同区域内的能耗状况。系统不仅能够对能耗数据执行日度、月度及年度的汇总与分析,而且能自动生成相关的报表和图形化成果,为管理者提供明确的能耗概览。

同时,系统能够自动对能耗情况进行同比、环比分析,对异常能耗情况进行报警和定位示意,协助管理人员对其进行排查,发现故障及时修理,避免能耗浪费现象。

(5)隐蔽工程管理

建筑施工过程往往存在较多的隐蔽管线等,当建筑交付使用后,由于竣工图纸资料的查阅、寻找较不方便,或随着时间推移竣工图纸丢失,工作人员无法及时准确地搜索与查阅这些资料信息。该模块可以帮助工作人员查看和管理复杂的隐蔽管网,如污水管、排水管、网线、电线及相关管井等隐蔽管线信息,避免出现安全隐患。

(6)应急管理

基于 BIM 模型丰富的信息,可以应用分析模拟软件模拟建筑物可能遭遇的各种险情,根据分析结果制订防止灾害发生的措施,以及制订各种人员疏散、救援支持的应急预案。险情发生后以可视化方式将受灾现场的信息提供给救援人员,让救援人员迅速找到通往灾害现场最合适的路线,采取合理的应对措施,提高救灾的成效。

3.2　BIM 专项应用

结合广东省 BIM 应用现状和发展趋势,本书对 BIM 协同设计、装配式建筑、智慧工地、BIM 审图、绿色低碳五个专项的应用情况进行说明。

3.2.1　BIM 协同设计

随着建筑工程设计领域的不断发展,协同设计已成为工程设计的重要内容,BIM 协同设计以新的设计理念,在设计过程中基于 BIM 模型,在统一的协作环境中完成项目设计。BIM 协同设计利用 BIM 技术的优越性,避免了传统 CAD 设计的局限性以及沟通不及时或不准确造成的设计错漏,促进了不同设计专业间的即时交流,极大地提高了项目设计及管理的效率。

2022 年广东省第四届 BIM 应用大赛的设计项目中,58%的项目利用 BIM 进行协同设计(图 3-14)。对这些项目进一步分析,不同的设计单位进行 BIM 协同的方法、流程都各有差异,总的来看大致可以分为三类。

图 3-14　基于平台的 BIM 协同设计

第一类是以单一的 BIM 设计软件为核心,所有专业在同一个软件(或同一软件商提供的系列产品)中进行 BIM 的设计、深化、协同、审查等,如采用 Autodesk、Bentley 等公司提供的 BIM 整体解决方案进行 BIM 协同。

第二类是采用 BIM 建模软件进行设计,然后在统一的 BIM 设计协同平台中进行有效的协同设计。这类 BIM 设计协同平台一般由设计单位自己开发或由 BIM 软件商提供,如上海交通大学 BIM 研究中心的天磁 BIM 协同设计平台、广东建科院 BIM 协同平台、译筑 EveryBIM 协同平台等。这些平台基本兼容所有的主流 BIM 软件,如 ArchiCAD、Rhino、SketchUP、YJK、PKPM、Revit、Rebro 等各专业的 BIM 软件,同时支持 CAD 和 GIS 数据集成,通过轻量化等极大地提升了 BIM 模型审查的流畅度。

第三类 BIM 协同设计是基于 OpenBIM 理念的开放式 BIM 协作模式,遵照开放的国际标准(IFC 标准等)和工作程序,基于供应商中立格式(IFC、BCF 等中立数据格式)的数字工作流,支持无缝协作和共享项目信息,可以有效打破数据孤岛,促进专业间的互操作性。这类协同方法从欧美等地兴起,并在国外获得了广泛应用。常见的 OpenBIM 体系 BIM 协同平台/软件主要有芬兰的 Solibri、意大利的 ACCA software、西班牙的 CYPE 等。在国内,近年来,随着对 BIM 软件国产化的重视程度不断增高,行业内对目前严重依赖某一特定产品或数据格式的 BIM 应用模式表示担忧,并开始逐渐重视 OpenBIM 的理念和发展。例如,上海交通大学 BIM 研究中心开发了基于 OpenBIM 工作流的 BIM 设计协同平台,探索中国 BIM 应用新模式,助力国产化 BIM 应用的弯道超车。

华南理工大学建筑设计研究院也积极探索基于多软件协同的 OpenBIM 工作流,并在实际项目中展开应用探索。在广州番禺某学校建设项目中,基于 OpenBIM 工作流,分别使用 ArchiCAD 和 Revit 开展不同地块的模型创建,并通过 Rebro、Solibri 与 ArchiCAD 配合开展多专业模型整合检查。而 Revit 则与 Civil3D、Navisworks 等搭配开展多专业模型整合检查,最终在 ArchiCAD 和 Revit 分别输出图纸进行交付。整个工作流中使用到的软件超过 15 款,打通多软件协同设计的工作流。如图 3-15 所示,该项目在 Solibri 中整合土建及 Rebro 机电模型,并进行模型问题的审查和标记。

3.2.2　装配式建筑

广东省近年来大力推动装配式建筑发展,并出台了大量的相关政策意见。2022 年 10 月,广东省住建厅联合省发展改革委等 14 部门印发《关于加快推进新型建筑工业化发展的实施意见》,提出了全省推动新型建筑工业化的目标任务和措施。与此同时,全省 21 个市也积极响应国家和省住建厅要求,出台了发展装配式建筑的实施意见。

在政策的鼓励下,广东省内装配式建筑项目数量大幅上升。从 2022 年广东省第四届 BIM 应用大赛的参赛项目来看,22 个装配式项目中设计项目 15 个、施工项目 7 个,覆盖了商业综合体、写字楼、住宅、学校、医院、图书馆、地铁车站、隧道等各类型建筑体。

广东省各参赛项目装配式 BIM 应用的内容主要有预制构件 BIM 深化建模、装配式钢结构设计、装配式施工模拟等。基于 Open BIM 的协同设计见图 3-15。

(1)预制构件 BIM 深化建模

在装配式预制构件深化设计过程中,不同项目采用的工具和方法都不同:有以 Revit 为核心建模平台,辅以开发专门的预制构件深化设计插件进行深化建模的;有利用国产 BIM 软件,如 PKPM-PC 等进行预制构件深化建模的。

如广州天河某办公楼项目,设计单位综合应用 Revit 与 BIMBase 软件平台,探索出了一

图 3-15　基于 OpenBIM 的协同设计

条全新的基于 BIM 的装配式数字化设计技术路线,实现了装配式建筑一体化智能设计。如图 3-16 所示,该设计单位在 PKPM-PC 软件中,利用参数化智能拆分工具,快速完成预制构件拆分;根据结构计算结果设置好配筋,调整好各类参数,一键完成预制构件配筋设计;设置好验算参数,一键对单个或批量构件进行预制构件短暂工况验算。经过深化设计并通过设计验算后,即可利用 BIM 深化模型批量导出预制构件的加工图纸。

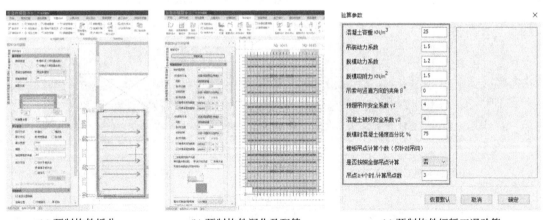

(a) 预制构件拆分　　　　(b) 预制构件深化及配筋　　　　(c) 预制构件短暂工况验算

图 3-16　PKPM-PC 预制构件深化设计

(2) 装配式钢结构设计

预制装配式钢结构的结构构件对工业化、标准化、模块化程度要求较高。传统的钢结构项目建设模式是设计→工厂下料加工→运输至现场吊装安装。这种模式较为节省工期,不占用项目场地。BIM技术可将设计方案、下料加工、施工安装等进行集成,通过BIM模型进行设计施工全过程的构件管理,减少沟通过程中的信息流失,减少错漏造成的返工,有效提高施工效率和质量。

如图3-17所示,在深圳前海某公寓房项目,设计单位利用BIM技术对预制钢结构进行节点深化设计。

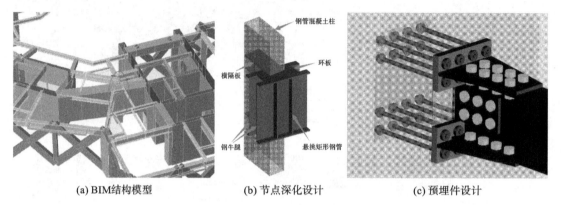

<table>
<tr><td>(a) BIM结构模型</td><td>(b) 节点深化设计</td><td>(c) 预埋件设计</td></tr>
</table>

图3-17 预制钢结构节点深化设计

（3）装配式施工模拟

装配式建筑在广东省的应用发展时间较短,市场上还没有专门的装配式构件施工安装的工种。因此,在目前项目施工过程中,针对管理人员和工人的技术交底便是一个亟须解决的问题。在这种情况下,BIM结合数字媒体技术,以施工模拟动画的形式向项目参与人员展示装配式构件施工工艺方法,高效解决了技术学习和施工交底问题。

如图3-18所示,广州某装配式项目在施工过程中应用BIM进行预制构件施工模拟,通过建立三维模型,进行三维可视化技术交底,让管理人员与班组直观了解施工工艺。

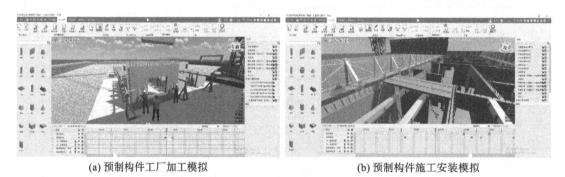

<table>
<tr><td>(a) 预制构件工厂加工模拟</td><td>(b) 预制构件施工安装模拟</td></tr>
</table>

图3-18 预制构件施工模拟

3.2.3 智慧工地

智慧工地平台应用于建设工程施工全过程,通过运用BIM、物联网、人工智能、大数据、AI识别、轻量化显示等信息技术手段,对工程项目进行精确的感知监测和数字化管理,围绕施工管理过程中的"人、机、料、法、环、质、安"等各大要素,建立互联互通的施工项目信息化生态圈,并对数据进行挖掘分析,提供过程趋势预测及专家预案,实现对于人员、机械、物料、流程、质量、安全等板块的综合能力集成,实现工程施工过程的可视化智能化管理。

近年来,广东省智慧工地应用率较高。根据 2022 年广东省第四届 BIM 大赛统计结果,在施工组 260 个参赛项目中,超过 52% 的项目采用了智慧工地进行项目的数字化管理。智慧工地不仅应用于常规的房建项目,在地铁、水坝、管廊、隧道、高速公路等市政、交通以及水利项目中也有所应用。

对参赛项目中智慧工地平台进行分析,各项目中应用的智慧工地平台多有不同,有直接采购自大型软件商如广联达、斯维尔等的智慧工地平台,有施工总承包单位自行研发的,如中建八局、上海建工等的智慧工地平台,也有一些省内优秀的建筑信息科技服务商研发的,如广东建科院的智慧工地综合信息管理平台。总体来看,这些平台基本都包括人员管理、智慧监控、施工质量、施工安全、设备监管、绿色施工、质量管理、进度管理等模块。

如图 3-19 所示,在不同项目的智慧工地平台应用中,应用模块和侧重点也各有差异。其中人员管理、视频监控等常规应用的占比超过了 80%。项目全局的三维可视化、设备监测、项目进度等应用的占比也超过 70%。物料管理、资料管理、轻量化漫游、人员定位等功能模块的应用占比也较高。此外,部分项目的智慧工地平台还与人工智能、AI 识别等先进技术进行结合,进一步实现了现场的智能化监管。

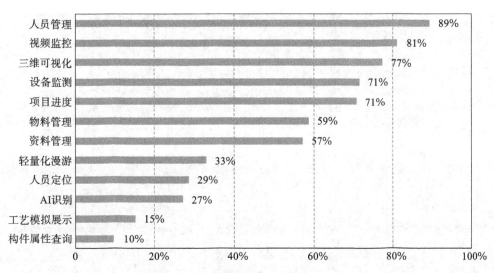

图 3-19 智慧工地应用内容分析

如图 3-20 所示,在惠州市某河道整治工程中,广东某大型施工总承包单位利用智慧工地平台对工程总体进度情况进行监管,在该平台中集成了包括 BIM 进度模型、项目总体工期情况、单位工程进度完成情况、产值完成情况、质量安全等信息。该平台内置多维度分析算法,分析项目总体施工计划与实际工程进度之间的偏差,通过 BIM 模型可视化展示工程形象进度和进度偏差,辅助管理人员快速进行进度纠偏决策。

如图 3-21 所示,在珠江三角洲某工程项目中,施工总承包单位基于智慧工地平台实现地下大型设备三维数据可视化,将盾构机大型设备运行参数,如监控、掘进速度、里程、刀盘速度以及各重要指标参数进行实时联调。

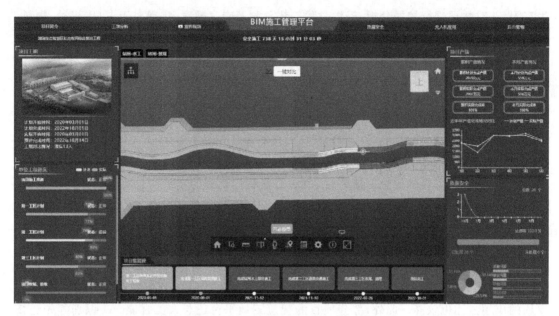

图 3-20　惠州某项目智慧工地平台

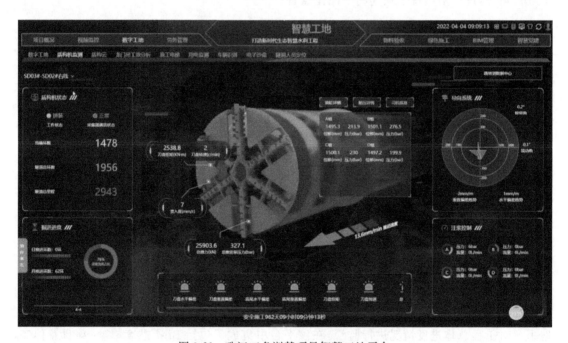

图 3-21　珠江三角洲某项目智慧工地平台

3.2.4　BIM 审图

　　自 2018 年住建部开展 CIM 基础平台建设试点以来,广州、深圳等地已初步搭建了 CIM 基础平台,并开展了丰富多样的 CIM＋应用,如基于 CIM 平台的施工图审查、BIM 报建等。

　　施工图 BIM 审查利用 BIM 技术和建筑三维模型的优势,快速、准确、省时省力地检查出设计图纸以及 BIM 模型中错漏碰缺等各种设计问题,最大限度地在施工前解决设计问题,避免在施工阶段进行返工,降低返工率,节约成本,控制施工进度。施工图 BIM 审查优点见图 3-22。

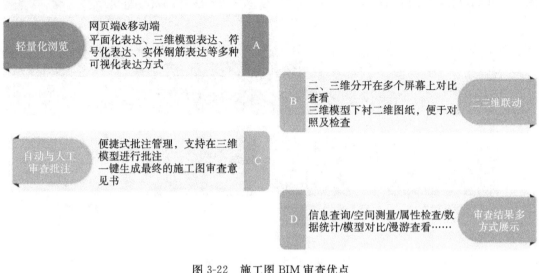

图 3-22　施工图 BIM 审查优点

　　2020 年 6 月 29 日广州市住建局印发《关于试行开展房屋建筑工程施工图三维(BIM)电子辅助审查工作的通知》,广州市房屋建筑工程施工图三维(BIM)电子辅助审查系统于 2020 年 7 月 1 日起正式上线。

　　2021 年 11 月《广州市基于城市信息模型的智慧城建"十四五"规划(征求意见稿)》中提及广州市 CIM 发展现状。

　　①构建了广州市城市信息模型(CIM)基础平台,具有规划审查、建筑设计方案审查、施工图审查、竣工验收备案等功能。

　　②完成中心城区(含部分重点发展区域)约 550 km² 现状城市三维信息模型建设工作。

　　③推行 CIM 平台施工图三维数字化审查。

　　④施行 CIM 平台基于三维数字化模型竣工验收备案。

　　⑤编制了 11 项 CIM 平台建设和应用标准等。

　　⑥已形成广州 2000 坐标基准下的数据库,涵盖基础地理规划编制、业务管理、调查评价、档案信息等 8 大信息。总数据量超过了 2 PB,包括地形图、地下空间、全市白模、倾斜摄影三维模型、重点区域若干 BIM 模型。

　　广州市 CIM 图审系统见图 3-23。

　　广州天河区某设计项目参与了广州市住建局基于 CIM 平台的机器辅助消防设计审查的试点。如图 3-24 所示,该项目根据广州市编制的建模标准以及三维数字化设计要求,利用广州 BIM 设计交汇插件,对项目模型进行自查自纠。项目在对模型进行调整设置后,顺利通过了线上 CIM 平台的 BIM 模型审查。利用 CIM 平台辅助审查,避免了传统审查人力多、时间长、多次审查的问题,缩短了审图流程。

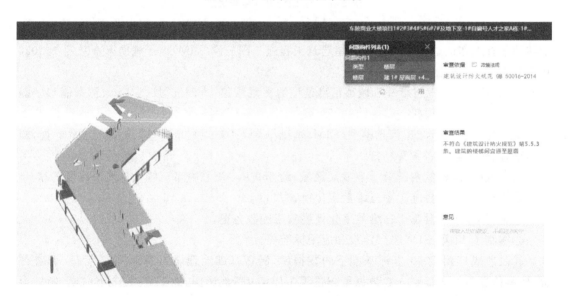

图 3-23　广州市 CIM 图审系统

图 3-24　广州某项目进行 CIM 审图

3.2.5　绿色低碳

党的二十大报告提出，要加快发展方式绿色转型，实施全面节约战略，发展绿色低碳产业，倡导绿色消费，推动形成绿色低碳的生产方式和生活方式。近年来，广东省始终秉承全球视野和务实作风，以绿色低碳发展为引领，加快转变城乡建设方式，取得了显著成效。

《广东省碳达峰实施方案》明确"到 2025 年新建公共机构建筑、新建厂房屋顶光伏覆盖率力争达到 50％，到 2030 年，进一步提升建筑屋顶光伏覆盖率，提高建筑用能清洁化水平"等要求。2021 年施行的《广东省绿色建筑条例》，从规划、土地出让、设计、施工图审查、施工、监理、工程质量检测、工程验收到绿色建筑认定，全链条明确要求、全环节强化监管。《广东省绿色建筑条例》及相关政策宣贯会见图 3-25。广东省住建厅还联合 12 个部门印发了《广东省绿色建筑创建行动实施方案（2021—2023）》。

图 3-25　《广东省绿色建筑条例》及相关政策宣贯会

在这个背景下，BIM 从业人员也积极探索 BIM 技术与绿色低碳主题进行结合的应用，从规划、设计到施工、安装，使用 BIM 技术进行绿色建筑优化设计、碳排放分析优化、辅助绿色施工等，有力促进了广东省建筑领域绿色低碳应用发展。

在《绿色建筑评价标准》（GB/T 50738—2019）中，将应用建筑信息模拟（BIM）技术、进行建筑碳排放计算分析、采取措施降低单位建筑面积碳排放强度等均作为项目绿色建筑评价的得分项。

如图 3-26 所示，在广州某项目的设计过程中，设计单位采用了 BIM 技术进行建筑碳排放分析，并利用 BIM 模型对建筑绿建性能进行分析模拟。通过模拟场地噪声环境、风环境、日照、采光等优化建筑设计，提升项目建筑绿色环保性能。最终，该项目依照《绿色建筑评价标准》（GB/T 50738—2019）被评为三星级绿色建筑标识。

在施工阶段，BIM 技术助力绿色低碳建造的主要应用有施工环境监测、项目能耗监测等，基于智慧工地平台，利用物联网、人工智能等技术对项目建造过程中的环境、能耗等数据实时监测，及时反馈异常环境指标、异常用水用电等，有效保障了项目绿色施工环节、避免异常能耗浪费等。

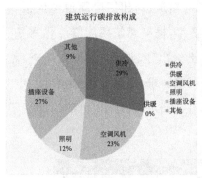

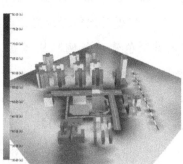

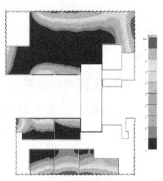

(a) 建筑运行碳排放构成分析   (b) 场地噪声分析   (c) 室内采光分析

图 3-26　项目绿建分析

如图 3-27 所示，在茂名某项目中，施工总承包单位采用广东建科院研发的建科智慧工地综合管理信息平台进行施工环境监测，在施工现场安装环境在线监测系统，预报近期天气、温度湿度情况，对影响施工的天气进行报警提示并记录。同时监测施工现场 $PM_{2.5}$ 指数、噪声指数，做到绿色施工。

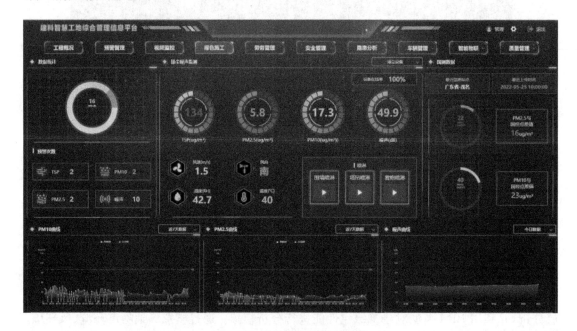

图 3-27　绿色施工与环节监测

在珠海某项目中，中建某局为了评估施工过程中的碳排放，根据《住房城乡建设部绿色施工科技示范工程技术指标及实施与评价指南》中工程项目的 CO_2 排放量计算开发了一款绿色施工科技示范工程的碳排放计算软件。如图 3-28 所示，该软件将烦琐的建筑生命周期碳排放计算工作集成化、可视化，实现了基础数据模板化、计算结果表格化。整个软件界面明晰、操作简单、计算快捷，可适用于建设项目的建筑生命周期碳排放计算工作。

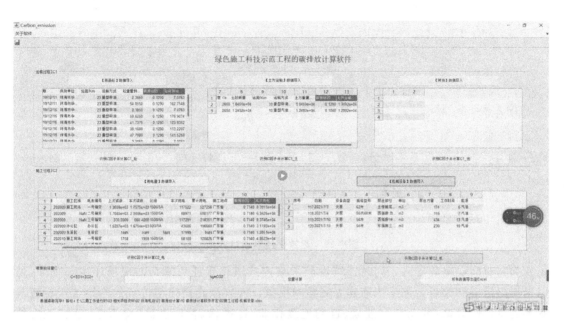

图 3-28 某施工碳排放计算软件

3.3 创新技术应用

3.3.1 参数化设计

参数化设计是一种通过计算机技术自动生成设计方案的设计方法。其核心思想是将设计全要素变成某个函数变量,通过改变函数或算法建立程序,将设计问题转变为逻辑推理问题,用理性思维代替主观想象,重新认识设计规则及思考推理的过程。

基于 BIM 的参数化设计,结合了 BIM 可视化的特性,可通过调整设计参数动态调整设计方案,并利用三维可视化直观展示参数调整后的设计结果,辅助设计师进行合理的设计。同时,参数化设计有着较好的数据联动性。当一个专业设计信息发生变化时,基于 BIM 的信息模型可以便捷地完成修改工作,而设计人员在修改参数信息之后,模型自动关联生成其他的信息,提高了数据传递过程中的可靠度,保障了数据准确,也极大地提高了设计的效率。

如图 3-29 所示,在广州黄埔某项目中,设计团队为保证建模过程中数据的准确传递以及模型的高精度要求,所有模型均采用数据驱动的参数化建模手段。通过可视化编程工具 Dynamo 和自主开发插件读取数据自动生成模型,保证模型与图纸完全一致,避免手工建模出错。

3.3.2 三维激光扫描

三维激光扫描又称实景复制,通过发射和接收激光束获取被测物表面的纹理和三维坐标值,其特点在于突破传统单点式的测绘方式,而是一个连续整体式的数据采集方式,避免

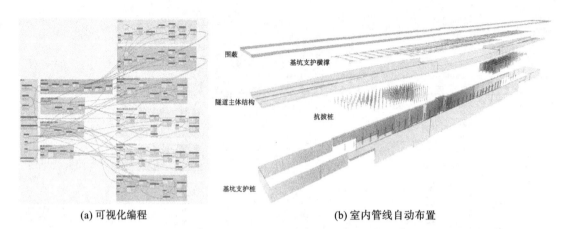

(a) 可视化编程　　　　　　　　　　　(b) 室内管线自动布置

图 3-29　参数化建模项目应用

了人为和时间误差的导入。同时连续性的采集方式适用于任何复杂的现场环境和物体,可以根据扫描得到的点云数据快速建立完整的模型。三维激光扫描与传统的测绘方式相较具有不需要合作对象,可以自行独立、自动连续作业,速度快、精确度高、全天候、节省人力物力、缩短作业时间、信息丰富、适应复杂的环境、信息的传输加工及表达容易等优点。

常用的三维激光扫描仪包括固定式扫描仪和移动式扫描仪。其中固定式扫描仪以Trimble、Z+F、FARO 等为代表,这类扫描仪精度极高,点云密度大(10 m 处分辨率最高可达 0.6 mm),但扫描效率一般,常用于对精度要求较高的结构、设备安装施工。移动式扫描仪以 OmniSLAM、GeoSLAM 等为代表,因其扫描效率高,可覆盖大多数踏勘等使用场景需求,在场地踏勘等场景应用更多。

如图 3-30 所示,在广州市轨道交通七号线某区间工程项目中,施工单位利用三维扫描和 BIM 进行隧道断面点位确定,提取施工后轨面中心线的实际坐标和高程。

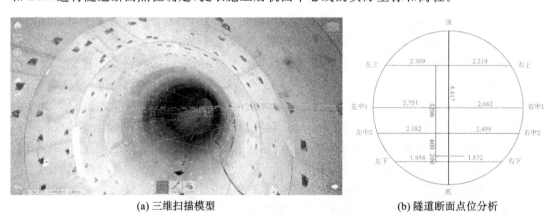

(a) 三维扫描模型　　　　　　　　　　(b) 隧道断面点位分析

图 3-30　三维激光扫描技术应用

3.3.3　无人机+倾斜摄影测量

近年来,随着小型民用多旋翼无人机的普及,越来越多的建设项目应用无人机辅助项目管理,通过航拍、全景球等方式快速掌握施工现场动态。同时,无人机与倾斜摄影技术的结合,给工程建设领域带来了更大的便利。

　　作为一种能够快速实现对目标对象的扫描、辨识、数据采集的技术手段,无人机倾斜摄影技术在地形测量、设计方案规划、工程建设测绘采集方面大大提高了工作效率和数据采集的准确度,通过快速构建实景三维模型,可根据需求提供 3D 点云数据、数字地形模型、数字表面模型、正射影像等测绘成果。如图 3-31 所示,测绘无人机＋BIM 技术＋GIS 的有机结合,在项目设计选址、交通规划、动线评估、气候条件分析等方面提供了更加高效的解决方案。

(a) 无人机航拍　　　　　　　　　　　　　　(b) 3D实景模型重建

(c) 项目线路规划应用　　　　　　　　　　　(d) 土方测量应用

图 3-31　无人机倾斜摄影应用

3.3.4　BIM 放样机器人

　　BIM 放样机器人是 BIM 技术与高精度全站仪进行智能化结合的产物,是连接 BIM 模型和施工现场的重要工具。BIM 放样机器人接受平板电脑的控制,能够自行转动,在放线工作中可根据指令自动照准目标;平板电脑是 BIM 放样机器人的数据处理中心,其中存储了工作区域的设计模型或图纸,通过搭载的专用软件将设置好放样点的 BIM 模型导入机器人,机器人可直接依据 BIM 模型中的位置信息确定相应点在施工现场的实际位置,节省了复杂的内业计算工作和施工现场反复找点过程。BIM 放样机器人工作流程主要分为 3 个阶段。

　　①准备工作。选定放线工作的范围,获取该范围对应的 BIM 模型或 CAD 设计图并转换为专用软件可接受的文件格式。将模型或图纸导入平板电脑并选定参考点及待放出的点。

②现场工作。现场架设仪器,在建立平板电脑和全站仪间通信连接后,通过照准 2 个或 3 个已知点确定 BIM 放样机器人的位置。现场放线,通过平板电脑指挥 BIM 放样机器人在地面等处确定目标点的位置并进行标记。

③数据处理。在平板电脑中导出放样报告、实际点位坐标等文件。

如图 3-32 所示,在清远市某施工项目中,工程师正在操作平板电脑指挥 BIM 放样机器人进行放样工作。

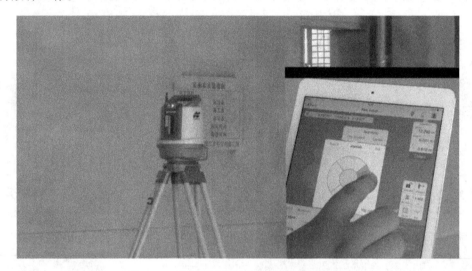

图 3-32 清远某项目 BIM 放样机器人应用

3.3.5 AI+图像识别

图像识别是一种利用计算机对图像进行处理、分析和理解,以识别各种不同模式的目标和对象的技术,是计算机视觉领域的一个主要研究方向,在以图像为主体的智能化数据采集与处理中具有十分重要的作用和影响。近年来,人工智能相关技术在建筑领域逐渐获得推广应用,图像识别作为人工智能重要的研究领域之一,也逐渐与 BIM、5G、物联网等新兴技术结合,应用于建筑生产与施工的全过程。基于深度学习的图像识别技术因具有高识别准确率,较好的泛化能力以及较高的鲁棒性,一问世就开始在各行各业获得推广应用,包括建筑领域。目前,图像识别技术在广东省建设工程项目中主要应用于施工安全管理(其应用一般结合智慧工地平台)。

图像识别技术在安全管理方面的应用可分为两类:识别人员不安全行为;识别物的不安全状态。在安全管理方面,图像识别最早被应用于识别人员不安全行为。如图 3-33 所示,在茂名某施工项目中,现场管理人员通过放置于施工现场大门和场地周边的摄像头,自动检测施工现场内的人员是否佩戴安全帽、穿反光衣,高处作业人员是否配备安全绳等,辅助项目管理人员进行安全管理。

除了这些简单的应用,在特定的场景下,技术人员开发独有的算法,以判定现场施工人员是否遵守安全操作规程。例如,根据安全作业规程,吊篮内作业人员必须为两人,且两人均必须配备安全绳。基于以上需求,技术人员开发新型算法,用以自动识别吊篮内的人员数

图 3-33　人员不安全行为识别

量，以及是否配备安全绳，当各项条件均满足要求时，方可接通电源进行作业。在识别物的不安全状态方面，应用点包括安全防护检查，以及危险区域禁入预警、人员安全预警等。危险区域禁入预警就是在摄像头视野范围内划定一部分危险区域，一旦检测到人或机械进入该区域，即向现场人员和管理人员报警。人员安全预警如图 3-34 所示，即通过摄像头识别并计算视野内的人与危险区域之间的距离，当距离小于预警值时，自动向现场作业人员和项目管理人员报警。

图 3-34　人员安全预警

3.3.6　BIM＋建筑机器人

建筑机器人是一种通过预先编制的程序或者人工智能算法，实现自动或半自动作业的机械设备，现特指面向建筑工程领域的特殊机器人，同属工业机器人大类。建筑机器人主要是为了替代或协助工人完成复杂、危险工况下的施工作业，将人们从繁重、危险的作业中解放出来,以应对劳动力短缺、成本上升(用工成本、安全成本)、环保政策压力等挑战,加速建筑施工行业转型升级,打造新型建筑工业化发展道路,推动建设绿色发展和高质量发展,最终实现建筑物营建的完全自动化。

广东省在建筑机器人领域的技术研发和应用一直走在国内前沿,对建筑业数字化转型发展做出了突出贡献。2021 年 12 月 30 日,碧桂园集团旗下全资子公司广东博智林机器人有限公司首次完成"BIM+FMS+WMS+建筑机器人"多机施工系统的验收,共有 8 款施工机器人、6 款运输及上料机器人、5 款集中工作站开展多机协同装修施工作业,首次跑通了装修阶段端到端的智能建造生态实践,初步构建了完整的全周期施工闭环。

在项目中应用的施工机器人以博智林开发的各种建筑施工作业机器人为代表。在江门某项目中,如图 3-35 所示,建筑机器人正在高效率地施工作业,作业完成后同步反馈作业完成进度。

图 3-35　建筑机器人自动化施工

第4章 广东省 BIM 发展趋势

4.1 发展新阶段

在全球数字化快速发展的广阔背景下,数字化技术在工程建设领域的融入,显得尤为必要且及时。它在工程建设的设计、施工以及运维各个环节中,扮演了举足轻重的角色。在众多数字化工具中,BIM 技术尤为突出,它深入工程建设过程的各个层面,支持并促进了一系列数字化应用的发展。

经济的高速增长对建筑生产模式提出了新的要求,传统模式已无法满足行业的发展需求,BIM 技术的引入解决了该问题。本书将对 BIM 技术在土木工程领域的应用现状以及实际效益进行深入分析,旨在促进 BIM 技术的高效和高质量应用,为中国建筑业的稳健发展打下坚实的基础。

随着 BIM 技术的不断发展,其应用的范围越来越广泛,功能越来越强大,成为现代化建筑行业生产与发展过程中的关键工具之一。目前,以 BIM 为核心的工程建设数字化正在加快发展进程,建筑行业不断涌现创新性的研究和应用实践。在国家及地方政府的支持和引领下,BIM 与物联网、人工智能、云计算、大数据等技术的结合日益深化,拓展出更加多元化的工程应用场景。同时,技术研发、软件开发、标准创新及人才建设等领域也实现了全面发展。2021 年 12 月广东省住建厅发布《广东省建筑行业"十四五"发展规划》,其中指出,绿色化、工业化、信息化和标准化将是广东省持续发力的重点方向。

4.2 智 能 建 造

随着信息技术和人工智能的不断发展,智能建造技术逐渐应用于工程建设管理中。智能建造技术以智能和数字化为特征,使用先进的软件和硬件设备可以有效地提高建设项目的质量和成本效益,加快项目建设速度。

然而,现阶段许多施工项目仍旧依赖传统的手工作业模式和人工审查流程,导致施工效率受限,成本居高不下,同时还可能存在一些人为错误和疏漏。为此,在工程建设管理中引入智能建造技术,对于提高建筑工程管理水平大有益处。

4.2.1 应 用 要 点

工程建设管理是现代经济发展的重要组成部分,随着技术的不断发展和进步,智能建造技术作为一个新型建造理念和技术手段,被广泛应用于各个细分领域。智能建造技术将变革传统的建筑行业,涉及建筑设计、建筑施工、建筑运维等多个环节,为工程建设管理带来全新的机遇和挑战。因此,深入研究智能建造技术在工程建设管理中的应用策略,可以提高工程建设管理的效率和效益,推动智能建造技术未来发展。

智能建造技术作为一个相对新兴的领域,引起了国内外广泛的探讨。欧美、东亚等发达国家在智能建造技术方面的研究和应用都处于领先地位,提出了很多关于智能建造技术应用的策略和实践。而我国亦在积极地加快智能建造技术的研究和推广,大型企业如华为、中兴等企业正在打破行业界限,开展建筑智能化技术的应用研究和实践。

智能建造技术是指利用现代科学和技术,实现建筑物的高效、快速、精准建造,实现智能化运维和可持续发展。这些技术类型包括信息技术、传感技术、控制技术、机器人技术、材料技术、结构技术,见表 4-1。

表 4-1 智能建造技术类型

技 术 类 型	技 术 应 用
信息技术	建筑物数据采集、建筑物模型管理、建筑数据分析、GIS 应用
传感技术	建筑物环境监测和控制(包括空气质量监测、温度调控、声音感知)
控制技术	建筑设施自动化、机电设备的远程监控、智能化能源管理
机器人技术	机器人施工、装配、维修等自动化过程
材料技术	使用可回收、可持续发展的新型材料
结构技术	采用智能化建筑结构设计,在建筑结构中嵌入传感器等

智能建造技术通过部署先进的传感器和监测设备,能够实时监测建筑材料的质量、结构的稳定性和整体运行状态,从而提供准确、可靠的数据支持。不仅如此,智能建造技术引入了先进的自动化和智能化制造技术,可以实现快速、高效、符合用户个性化需求的量身定制,同时降低建筑制造和运营的成本。智能建造技术还可以通过建筑文化和数字建筑设计相结合来提高建筑施工的可控性,实现施工自动化与数据化管理,从而大大降低施工现场事故发生概率,提高建筑运营的安全性。除此之外,智能建造技术还可提高建筑节能和环保性能、减少对环境破坏,达到可持续发展的目的,符合时代的社会经济发展方向。节能建造技术关键优势是推动建筑向绿色、生态化方向发展,尽可能减少资源浪费和环境污染,同时建筑在运营阶段也能通过智能化管理实现能源效率的优化。

4.2.2 智能建造技术在工程建设管理中的应用

(1)项目管理

项目管理的先进技术在智能建筑的领域中扮演着至关重要的角色。特别是建筑信息模型(BIM)技术、物联网(IoT)和云计算技术等的融合应用,为建设项目的全生命周期管理提供了数字化优化方案。

在项目初始化阶段,通过采用 BIM 技术建立三维模型,可以提前发现存在的技术缺陷等问题,并及时优化。

进入施工阶段,BIM 技术将在日常施工管理方面发挥重要作用。BIM 技术通过精确模拟和分析施工过程,能够提升施工效率,确保进度、质量控制以及变更管理的准确执行。同时,利用物联网技术进行实时监控,如对风速、温度、湿度等参数的监测与分析,预警隐患并及时采取措施。

在建造完成后,BIM 技术依然可以用来进行维护管理,实现建筑全生命周期的管理和优化。同时,物联网还可用于建筑设备的监测和维护,通过数据采集分析,实现设备的自动化控制和管理。至于云计算技术,其大幅强化了建筑项目的信息化管理能力。云平台允许项目参与者(如管理者、施工团队和供应商等)共享信息,协同工作,从而促进多用户和权限间的协同管理,同时还可进行成本数据的分析和管理,大大优化建筑管理流程,提高工作效率。

（2）质量管理

在质量管理方面,智能建造技术的应用主要集中在设计优化、施工质量控制、设备检测、材料检测等方面,实现全面、高效、精确的质量监测和控制。

设计优化方面,智能建造技术运用数据分析和模拟技术,结合建筑工程实际情况,引导合理化的建筑设计。例如,精细调整结构构件、连接方式,改善布局和施工方法,既增强了建筑的结构完整性,也提高了其承载能力,同时减少了不必要的结构超额和资源浪费。

施工质量控制方面,结合传感器和监控系统,可实时监测施工过程中的关键节点。如对混凝土浇筑、钢筋加工、模版拆卸等决定工程质量的重要节点,智能系统可及时发现工程质量问题,并迅速采取补救措施。BIM 技术的融入,特别是与移动设备相结合,极大地提升了施工图纸的实时可用性与检索能力。通过实时检索施工图纸库,比对实际施工状态和设计图纸,工程队伍能及时发现并纠正施工过程中的误差,提高施工效率和质量。

设备监测方面,智能建造技术还能实现建筑设备远程监测和数据分析,实时监控设备状况,发现异常情况及时排除。物联网技术的应用使得设备管理模块化、智能化,以此对设备的运营状态实施无缝监视和管理,维护其安全高效地运作。

材料检测方面,材料质量直接影响建筑的安全性和使用寿命。智能建造技术可利用传感器和数据分析技术,实现对建筑材料关键性的实时监测,如混凝土强度、砖块抗压性能等。被检测的数据会即刻反馈至管理系统,由系统进行深入分析,进而对建筑材料的质量进行全面、有效的监测与评估,确保其符合安全规范和项目要求。

（3）安全管理

安全管理方面,智能建造技术主要应用于智能安全管理系统、安防监控、无人机巡检等方面,提高工程建设的安全性,减少工作风险和潜在危险。

智能安全管理系统综合利用信息化手段,对施工现场的安全状况进行全面监控。信息化手段包括但不限于自动化的监控摄像系统、数据分析软件及其他相关的传感器技术。系统可实时监测施工现场,及时发现潜在的安全隐患,发出预警,并提出预防措施。系统能够帮助识别危险行为或者环境问题,确保在风险发展成事故之前妥善处理。

安防监控可实现对工程建设现场的全天候监控和管理,通过在施工现场安装监控摄像头、红外传感器等系统,可以对施工场地进行 24 小时监视。这些设备不仅可以监控施工的进展,还能够及时捕捉非法入侵或其他潜在的安全威胁,为现场工作人员和设备提供保护。

无人机已成为施工现场监测的创新工具,配备高分辨率的摄像设备和传感器,可以飞越施工现场进行巡检。它们可以检查难以接近的高处结构,监测围栏的完整性,甚至在紧急情况下快速提供现场数据。通过空中视角,无人机能够及时发现结构问题,监控设备状态,并检测人员的安全状况。

（4）技术管理

智能建造技术在技术管理领域的应用,深入材料和构件的技术检测和控制、施工工艺的研究与优化,及智能设备的管理等诸多方面。

材料和构件的技术检测和控制方面,智能建造技术可对材料和构件的供应链进行管理,实现原材料全生命周期的跟踪管理。利用物联网和云计算等技术,实现对材料、构件生产和运输过程的关键参数和状态的实时监控与控制。

施工工艺的研究与优化方面,智能建造技术能够优化施工流程,对施工过程的温度、湿度、氧气含量等参数进行实时监测,并及时调整,以确保符合施工规范,提升施工质量。此外,数字化手段可以实现建筑工程从设计到施工的信息化管理和流程一体化。

智能设备的管理方面,智能建造技术发挥着重要的作用。通过远程监控和故障诊断,智能建造技术可以预防设备故障,确保设备在施工中能够稳定运行,从而提高工作效率,减少停工时间。

4.3　装配式建筑

装配式建筑正在迎合现代建筑行业对高效、绿色和可持续发展的要求,在施工过程中的应用越来越广泛。预制构件须按照设计要求进行预制生产,且规定出厂时间和运输方法,在施工过程中对构件材料进行组装和装配。这对装配式建筑构件的设计、生产等环节提出了更高的要求。然而,传统施工方式在装配式建筑中存在如构件匹配不准确、施工过程难以协调等问题。在这种背景下,BIM 技术成为解决传统施工的问题的强大工具。因此,需引入BIM 技术,以提高装配式建筑施工的效率和质量。

4.3.1　前期准备阶段

基于图形的 BIM 应用通常以计算机辅助设计(CAD)软件为工具进行绘图,接着依据绘制好的图纸进行建模,通过 BIM 技术的可视化特点,进行分析和研究。与此同时,模型驱动的方法强调设计与建模间的一致性与连贯性,这对于减少设计与模型间不匹配的情况至关重要。

在实际施工前,BIM 技术的应用能够对整个施工过程进行全面监督管理。合理运用这一技术,能够保障建模软件与结构分析工具的兼容性。BIM 技术与其他创新解决方案的集成,例如与物联网(IoT)设备的结合,可以促进建筑生产阶段信息的共享和数据的采集。结合虚拟现实(VR)技术的 BIM 应用可以创建立体的、沉浸式的虚拟模拟环境,从而更精细地展现和处理模型细节。

4.3.2　施工设计阶段

在传统建筑施工管理过程中,通常采用设计—投标—施工(design-bid-build,DBB)模式进行管理。该模式要求各方按特定顺序执行各自的任务。但相关调研表明,在这种模式下,由于某些参与者未能及时参与设计阶段,经常会导致设计与后期施工不匹配的问题,对施工进度和效率产生严重影响，还可能导致生产和运输成本问题及质量问题。

为了解决这些问题，在整个施工设计阶段，施工单位须重点研究业主方的经济性与其他目标，促使设计方案达到理想的设计效果。在设计完成之后，还需对一些构件进行拆分，在数据库中根据构件信息选择合适的构件进行装配。这样的做法有助于更精确的设计实施，减少资源浪费，并提高施工阶段的整体效率和成品质量。

4.3.3　生　产　阶　段

在装配式建筑项目中，生产阶段十分重要。设计人员利用二维平面进行预制构件的生产和加工，但由于二维图纸反映的信息相对较少，因而很容易出现误差。

在 BIM 技术应用过程中，设计人员可以依据参数化的族库进行设计。这些族库中包含了预先定义的数据信息，这些信息将被直接用于绘图和制造。在装配式建筑的设计初期阶段，设计团队可以识别并整理所需的构件信息，将它们放入数据库，并根据不同的建筑风格和需求，选择适合的外墙、内墙等构件。

当前的 BIM 技术允许项目团队共享所有的数据信息，并通过三维模型进行数据交换，以评估预制件并优化后续施工流程。将 BIM 技术的信息整合能力与装配式建筑构件拼装特点相结合，能够建立工业化的流水生产构筑模式，主要包含标准化设计、数控加工等内容。

实际上，标准化设计可提升建筑生产效率和质量，保障生产的构件满足施工实际要求，因而在设计阶段可以利用标准化的信息模块，保障生产标准、尺寸等内容，从而提升施工质量和经济收益，有效解决施工和设计工作人员之间的矛盾问题。

数控加工在实际生产过程中可借助 BIM 技术将复杂的预制构配件进行模拟组装，并利用三维影像建立模型，最大化发挥 BIM 技术可视化优势，提升生产效率和质量。

此外，BIM 还能在模拟阶段对预制件进行动态监控，帮助设计人员发现问题并及时提出解决方案，以及对预制件进行定位跟踪，以确保其发挥最大效用。利用施工控制点的模拟数据，项目团队还可以实现对施工进度的有效监控，确保生产的预制件数量、设备和资源能够符合工程施工的实际需求。

4.3.4　施工现场阶段

施工现场阶段 BIM 技术应用最为关键，可以借助 BIM 技术对构件进度、质量等进行监督。施工现场可以根据采集到的数据信息实现全面的动态监督管理。例如，在对构件进度管理的过程中，需要以构件管理过程所产生的数据信息为前提，建立进度管理制度，从而实现对施工过程的动态管理。在明确计划装配时间后，需要以构件进度得出实际装配时间，通过表格的方式进行记录，尤其是关键节点构件可以借助射频识别技术进行记录。

另外，BIM 技术在施工过程中的另一个显著优势是进行构件间的碰撞检测。在管道工程等复杂的建筑项目中，不同构件的布置可能会互相冲突或干扰，有时会导致管道损坏、连接不良或安装错误，从而产生额外的维修开支和工期延误。通过将不同领域的设计模型集成在一个平台上，BIM 软件通过模拟分析可以自动标识潜在的碰撞区域，并提供直观的可视化表征及报告，使施工人员能够快速定位并评估问题的严重程度。一旦识别出这些问题，施工团队可以根据这些分析结果做出相应的调整，比如重新安排构件的位置或更改安装顺序，以规避潜在的碰撞风险,这不仅提升了施工的安全性,也优化了施工进度和资源的管理效率。

4.4 绿色建筑

绿色建筑已经成为当代建筑业的关键议题,目标在于促进建筑发展与环境保护的同步进步,旨在减少对生态环境的污染压力,并提升建筑在资源和能源使用上的效率。而 BIM 技术作为当前最先进的建筑设计和管理技术,其在绿色建筑全生命周期中的应用也越来越受到关注。

绿色建筑的概念基于环境保护、能效提升、自然资源消耗最小化的理念,采用了一系列的设计和建造方法。其核心原则包含能源节约与排放减少,水资源和材料的合理利用,健康、舒适、可持续发展以及企业的社会责任等。在建筑设计和建造过程中,宜使用环保材料和技术,减少废弃物和有害气体的排放,以符合可持继发展的宗旨。

同时,绿色建筑还应重视提升人的健康和舒适性,例如在室内空气质量、采光和声学方面做出合理的设计和布局。通过优化建筑的设计和建设,绿色建筑能够减少对环境的负面影响,同时提高建筑的舒适性和健康性,使人与自然更加和谐。

4.4.1 提升设计品质

BIM 技术可在设计阶段通过建筑能源分析、建筑材料选择、生态系统分析等方式,提高建筑设计的可持续性和节能性。通过 BIM 技术的建模功能,设计人员可快速、准确地完成建筑设计,同时可在设计阶段通过模拟分析不同方案的节能效果、预测建筑的能耗和对环境的影响,帮助设计人员和业主选择最优方案,从而提高设计质量和效率。

4.4.2 提高建造效率和建造质量

BIM 技术可在建造阶段通过协同作业、减少浪费等方式,提高建筑施工的效率和质量。通过 BIM 技术三维建模功能,工程师可在施工前提前检查施工过程中可能出现的问题,避免施工失误和浪费。

4.4.3 实现运营效率和节能性

BIM 技术可在运营阶段通过建筑信息管理、能源管理、维修管理等方式,提高建筑运营的效率和节能性。通过 BIM 技术的建筑信息管理系统,运营人员可实时监测建筑的状态和运行情况,及时发现并解决问题。

4.4.4 实现建筑可持续发展

BIM 技术可在拆除阶段通过拆除方案设计、资源回收等实现建筑拆除的可持续性和环保性。通过 BIM 技术三维建模功能,设计师可预测拆除过程中可能出现的施工技术问题和难点,设计最优的拆除方案。

4.5　工程标准化

《广东省建筑行业"十四五"发展规划》提出,广东省构建先进适用的智能建造标准体系,加快制定建筑信息模型、装配式建筑部品部件生产、建筑机器人等基础共性标准。建立健全以政府强制性标准为基础、团体标准和企业标准为主体、具有岭南特色的多元化工程建设标准体系。支持具备相应能力的行业协会、产业联盟、企业等主体共同制定满足产业创新需要的先进标准。支持深圳探索实施资源环境约束条件下的高质量工程建设标准,积极采用国际先进标准,提高标准体系国际化水平。

广东省以广州、深圳等为代表,积极开展数字化标准建设工作。为了促进粤港澳建筑行业合作,广东省已经开始推进大湾区标准协同发展,并逐渐向着标准国际化延伸。为此,广东采取了多项措施。首先,与国际标准对接,积极采用国际标准和国外先进标准,提高标准的国际化水平。其次,与港澳地区合作,推动粤港澳大湾区工程建设标准的协同发展。此外,还鼓励企业参与国际标准制定和修订,提高企业在国际市场上的竞争力。

在实践中,广东省住建厅组织编制《香港机场飞翔航程隧道及引道隧道风机设备的消防性能要求》,作为工程建设领域内地(内地)与香港(香港)合作制定的首部标准,填补了中国在建筑领域消防技术标准的空白。未来,在工程数字化领域,广东省将继续积极探索和实践,提升工程建设国际标准化水平。

下篇
广东省 BIM 应用实践展示

第5章 世界气象中心(北京)粤港澳大湾区分中心EPC项目BIM正向设计

5.1 项目概况

5.1.1 项目基本情况

世界气象中心粤港澳大湾区分中心项目,全称世界气象中心(北京)粤港澳大湾区分中心和粤港澳大湾区气象科技融合创新平台项目,选址地块坐落于广州中新知识城科教创新区内,用地面积约为1.3 hm²,总建筑面积约为4.04 hm²,建设内容主要为13层科研楼(主要功能为业务展示、创新研究、成果转化、学术交流及碳中和研究等)、9层公用设施配套楼(主要为科研办公辅助用房、食堂、活动中心、物业管理用房以及业务值班宿舍等)及2层地下室(含人防)。世界气象中心粤港澳大湾区分中心项目全景见图5-1。

图5-1 世界气象中心粤港澳大湾区分中心项目全景

项目涵盖气象业务功能、碳中和研究院、国际交流平台、专家生活服务及气象智能装备综合试验观测场等内容。作为该区域内最重要的国际级科研机构和粤港澳大湾区气象科研"桥头堡",该项目在建筑设计上力图通过形式创新传达气象科学的独特内涵,致力于营造一个开放、交流、绿色的科创地标。

项目由国家气象中心、气象探测中心、广东省气象局、广州市气象局等机构联合共建,建成后将成为粤港澳大湾区培训规模最大、面向对象最广、培训技术最新的专业气象培训机构,也将成为我国气象服务和气象经济辐射全球的创新高地。

5.1.2　项目重难点

世界气象中心粤港澳大湾区分中心项目作为 EPC 工程总承包模式下的项目工程,广受社会媒体关注,在项目的策划与实施的过程中也面临着许多挑战。本项目采用全过程全专业 BIM 一体化正向设计模式,三维可视化模型贯穿整个设计周期,同时施工方提前介入,为 EPC 工程项目圆满落地打下了坚实的基础。

难点一:多业主参与决策

世界气象中心粤港澳大湾区分中心项目作为一项对全球气象能力建设有重大意义的民生工程,由国家气象中心、气象探测中心等机构联合共建,多方业主共同参与项目的细节把控与决策。三维 BIM 模型贯穿从方案设计到施工图设计的全过程,在全过程设计及项目管理决策过程中起到了可视化沟通的作用(图 5-2)。

图 5-2　多业主参与决策

难点二:成本控制

EPC 项目的成本控制的核心是在保证工程项目质量、进度、安全和使用功能的前提下,追求项目整体经济效益。EPC 合同采用固定总价合同,因而对世界气象分中心项目的建设过程提出了更高的精确性要求,采用全专业 BIM 正向设计就能很好地解决这个问题。通过前期基于可视化模型进行局部问题排查及碰撞检测,施工方提前介入设计阶段的模型优化,利用三维可视化解决了大部分传统二维图纸难以发现的问题,对项目建设过程中的主要难点进行提前预演和规避,保证了项目建设的高质量完成,从而减少返工成本。

此外,在精细化三维模型的基础上,配合造价工程量的计算规则自主研发 PRD BIM 算量软件,对BIM三维模型进行实物工程算量动态成本监控,并基于三维模型直接导出现有模型构件的实物工程量表格,将其作为参考依据,辅助项目材料费的合理计算,控制材料设备采购成本,对降低整个工程项目的造价有重要作用(图5-3)。

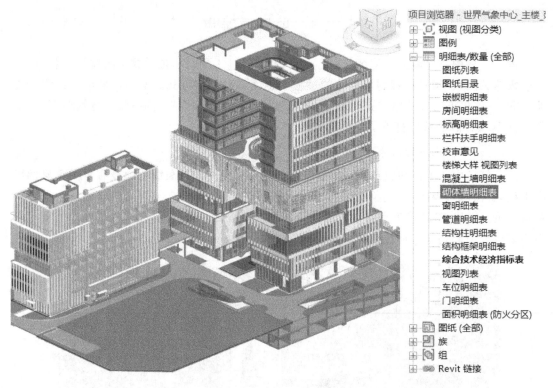

图5-3　BIM辅助工程算量

难点三:社会关注度高

世界气象中心粤港澳大湾区分中心项目是贯彻落实习近平总书记对粤港澳大湾区发展重大决策和对开发区殷殷嘱托的重要具体举措,按照"世界一流、中国领先、湾区特色"的目标要求,高起点谋划、高站位协调、高水平推动项目建设。

作为粤港澳大湾区气象防灾减灾第一道防线的地标性项目,该项目受到了国内外各界社会媒体、人民群众的高度关注,因而对设计、施工阶段的成果质量提出了更高的要求。项目采用全过程全专业BIM一体化正向设计的工作模式,基于可视化三维模型及正向设计成果,实现全专业设计施工,确保图、模、实一致以及项目设计、建设的高质量高标准(图5-4)。

难点四:项目工期紧凑

世界气象中心粤港澳大湾区分中心项目作为广东省重点建设项目,自2021年9月进场以来,项目在1个月内完成临时项目部搭建,从征地拆迁完成到主体结构封顶仅用时300天。在全专业BIM一体化正向设计的基础上,施工方在设计周期内提前参与设计模型的优化,加强设计方与施工方之间的意见沟通,从源头上解决影响施工顺利开展的相关问题,减少设计变更及返工的工作量。为保障项目建设顺利推进,项目运用VR安全体验、BIM和物联网等新兴技术辅助施工,在施工阶段充分综合空间、人员、设备、消息,实现跨专业、跨部

图 5-4　项目效果图

门、可变流程的协同管理,并通过大数据分析对建筑的整体建造进行综合性评估,通过技术创新大大缩短了项目的建设周期,并为后期建筑运行至最佳状态提供保证(图 5-5)。

图 5-5　项目施工 BIM 应用

5.1.3　项目进度

世界气象中心(北京)粤港澳大湾区分中心项目,于 2021 年 7 月 28 日正式奠基开工,2021 年 8 月完成临时项目部建设,2021 年 9 月初项目的施工管理人员和工人全部进驻到位。通过施工、设计、监理等单位的通力协作,整个项目施工高质量进行,2021 年 12 月底相继完成主副楼桩基、地下室结构等,2022 年 6 月完成结构封顶,2022 年 12 月底前全部装修完成并投入使用(图 5-6)。

图 5-6　项目施工现场航拍

5.2　项目策划

世界气象中心粤港澳大湾区分中心项目采用 EPC 总承包工程管理模式,设计在整个工程建设过程中起到主导作用。为保证项目的顺利落地实施,在设计阶段引入 BIM 正向设计模式开展设计工作。使用 BIM 正向设计开展工作有以下优势:

①基于三维模型开展设计工作,有助于实现更全面的控制设计效果;

②各专业在三维模型中协同工作,有效提高沟通效率;

③BIM 模型的二、三维联动,有效减少设计的错漏,提高图纸质量;

④设计成果借助渲染软件,三维可视化呈现,辅助业主决策;

⑤BIM 模型可用于工程算量,快速对比不同方案的工程造价;

⑥施工方借助三维模型在设计阶段参与管线综合设计,提出有利于施工的优化建议;

⑦数字化交付的 BIM 模型可延续至施工阶段、运维阶段的 BIM 应用。

5.2.1　BIM 组织架构

项目组织架构主要由设计单位主导,常规的 BIM 项目会配备大量的 BIM 人员,本项目还是以设计师参与建模为主,其中建筑设计师主导建筑结构模型,结构设计师不参与项目建模,主要还是校审模型,水、暖、电均由各专业的设计师完成建模(图 5-7)。项目负责人统筹整体项目设计管理及设计周期,同时考虑 BIM 的工作周期。各专业负责人把控设计内容,所有专业负责人使用 BIM 工具开展设计工作,即使不具体建模,也要看模、用模、审模,基于模型开展设计。同时项目会配备一名 BIM 专业负责人,这个角色主要是承担本项目的 BIM

技术支持及模型管理,主要职责如下。

①制定项目样板,收集整理相应族库,为项目开展正向设计建模制图做好准备。

②响应各专业提出的设计表达要求、模型表达形式,在 BIM 软件中完成设计工作。

③收集并协调解决各专业在项目实施过程中遇到的问题,扫清软件操作障碍。

④负责模型维护,按设计节点存档备份管理模型。

⑤组织完成项目所需要的拓展 BIM 应用。

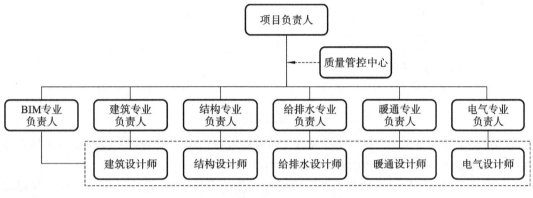

图 5-7　项目 BIM 组织架构图

5.2.2　软件介绍

本项目以 Revit 为主要建模与设计的软件平台。该软件经过多年的开发,各专业功能相对完善,其优点如下。

①功能全面,涵盖了建筑、结构、给排水、暖通、电气等各专业的建模和设计功能。

②使用人群广,使用教程非常丰富,降低了设计企业从 CAD 设计转入 BIM 设计的难度。

③族库丰富,可以自定义。在正向设计过程中经常要对族进行二次编辑,使其满足二维出图的效果。

④用户自由发挥空间大,多样的建模方式有利于推敲设计的可行性。

⑤拓展性强,API 丰富。每个 API 类型包含了大量的命名空间和类,每个类包含了大量被封装好的函数、属性等。开发者无须了解函数的内部原理,正确调用接口即可实现拓展 Revit 的功能。本项目也使用 Revit 二次开发实现了 CAD 图纸输出、智能设计等,为正向设计实施落地保驾护航。

⑥接口丰富,数据支持多种格式的导入和导出,能与其他软件进行深入配合。

⑦具有明细表功能,完成建模后,模型工程量可通过明细表进行筛选统计,有利于各专业的工程量统计,可以快速呈现不同的设计方案对应的工程量。

5.2.3　设计文档组织

在设计文档的管理中,根据设计周期内各阶段的工作内容对文档进行分类。下面对几个重要的版块进行介绍。项目文件夹组织见图 5-8。

› 此电脑 › 正向设计 (\\192.168.0.200) (V:) › 01_14世界气象中心项目

名称	修改日期	类型
1_模型文件	2022/6/28 9:55	文件夹
2_设计条件	2023/2/15 17:17	文件夹
3_问题记录	2022/11/24 19:42	文件夹
4_项目文档	2022/3/1 15:00	文件夹
5_出图文件	2021/11/11 14:09	文件夹
6_成果文件	2021/10/27 22:30	文件夹
7_审核意见	2022/9/7 12:00	文件夹
8_设计变更	2020/10/5 18:06	文件夹
9_临时文件	2022/5/19 21:04	文件夹

图 5-8　项目文件夹组织

①模型文件使用 Revit 中心文件的方式对模型进行统一存储管理。模型按不同的专业进行区分管理,完成某个设计阶段后及时归类存档。

②设计条件主要用于存储各专业开展设计工作的设计条件,也作为专业之间互相提资的存储路径。

③问题记录主要用于记录各专业在设计过程中遇到和待解决的专业交圈问题,形成记录文件有助于闭环解决设计问题。

5.2.4　模型拆分组织

项目前期 BIM 专业负责人会对模型进行整体策划,一个合理的模型架构有助于提高工作效率,提升设计协同的便利性,保证项目的顺利开展。其考虑的因素主要有以下几点。

①模型的体量大小。BIM 模型一旦超过一定的规模,软件处理速度会变得异常缓慢。因此在项目前期需根据项目的建筑面积大小划分模型的分区。

②设计的整体性需求。如核心筒的定位,竖向的一致性在设计的过程中是重点控制的内容,因此会把核心筒作为一个整体,在拆分模型的时候会把地下室核心筒和地上部分的核心筒作为一个模型整体,保证地上地下的整体性设计,减少设计过程中的失误。

③专业之间协调的响应。如管线综合需要频繁调整机电各专业管线路由,以保证设计的净高要求。因此在工作过程中,会优先把给排水、暖通、电气三个专业的模型规划在同一个 Revit 文件中。通过中心文件同步的方式,各专业工程师完成管线路由布置,保存同步后就能看到其他专业的管线路由情况,有助于管线综合的调整。

5.2.5　出 图 范 围

在正向设计图纸输出的工作界面制定上,项目不主张全部采用 Revit 完成制图,而是结合 CAD 的二维表达优势,动态调整 Revit 完成制图。如图纸目录在 Revit 中,可以根据软件生成的图纸张数进行自动联动更新,采用 Revit 完成有较大优势,能减少错编、漏编的情况,图纸目录采用 Revit 出图。各专业平面图、剖面图可以由模型剖切形成投影生成图纸,由

Revit 完成出图。通用大样、系统图 CAD 在效率上和信息传递表达上更有优势,可以采用 CAD 出图。在本项目中各专业 Revit 的出图比例如下:建筑 85%、结构 35%、给排水 60%、暖通 70%、电气 65%。其中结构专业相对特殊,目前主要依靠 PKPM、盈建科结构计算软件完成设计计算,因此需要在 Revit 中重新建模,与各专业协同设计后输出梁板图,再使用 CAD 标注配筋。

5.2.6　建模标准

由于参与项目建模的成员较多,为保证模型满足 Revit 制图、Revit 算量的要求,在项目前期需要对建模规则进行明确的规定,项目各专业成员依据建模规则完成建模工作。项目 BIM 建模标准见图 5-9。

目录

图 5-9　项目 BIM 建模标准

5.3　项目实施

5.3.1　场地初步规划

该项目定位为面向世界的前沿科技创新站点,建筑设计需要考虑建筑外观形象的创新性、地标性和学科文化性。建筑外立面以"玲珑云塔,气象之城"为设计理念,打造创新、交流、绿色的气象科研基地,以错动的功能模块,形成开放自由的建筑形式,结合绿化,给人以园林式的空间体验。

在场地布局及方案草图设计阶段,相关方综合分析研究了项目的区位条件以及功能需求。世界气象中心粤港澳大湾区分中心项目位于科教二路、筑梦一路两条主干道交会处,东北面向城际高铁,其东北、西北立面构成主要建筑形象。由于建筑用地紧张,总占地面积约为 1.3 hm²,其中 40% 的用地须留作室外观测场地,室外观测场地应同时具备对太阳轨迹以及风环境的观测条件,应避免原有建筑群遮挡,场地布局应紧凑得当。此外该项目地处亚热带沿海地区,气候以温暖多雨、光热充足、夏季长、霜期短为主,项目南侧为夏季风主导风向,应充分考虑现有气候条件,引入自然风流动。为预留出足够的室外观测场地和远期建设用地,建筑需要通过功能的垂直叠加,提升建筑高度,以缩小建筑占地(图 5-10)。

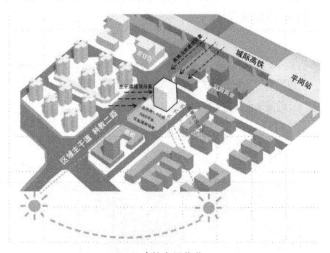

| (a) 场地布局分析 | (b) 建筑布局优化 |

图 5-10　项目场地初步规划

通过不同布局方式的比选,最终决定主要建筑以 68 m 塔楼的形式集中布置在规划场地的北侧,让建筑面向北侧城际铁路和东侧主路,形成完整的展示面,建筑南侧预留室外观测场地可观测完整的太阳轨迹,且四周环境较为通透,具备更为准确的大气环境测量条件。

5.3.2　基于 BIM 数据模型的绿建分析

中国气象局发布的第 14 部气候变化绿皮书中表示,全球气候变化形势日趋严峻,给人类社会可持续发展带来巨大挑战。我国坚定推动绿色低碳发展,落实"双碳"目标。作为全球首个世界气象分中心,助力大湾区发挥全球气象业务"桥头堡"作用,世界气象中心粤港澳大湾区分中心项目致力于营造一个开放、交流、绿色的科创地标,在设计与建设过程更需要体现绿色节能减排的决心,以绿色发展推动人与自然和谐共生。

本项目借助绿建可持续性设计分析软件,从 BIM 三维数据模型中提取相关的数据对建筑的日照、热环境、风环境以及噪声等方面进行模拟分析,分析结果满足《绿色建筑评价标准》(GB/T 50738—2019)的技术要求:

①围护结构热工性能的提高比例为 20%;
②室内主要空气污染物浓度降低比例为 20%;

③所有区域精装修交付。

项目绿建评审表(节选)见表 5-1。

表 5-1　项目绿建评审表(节选)　　　　　　　　　　　　　　　单位:分

评价指标	安全耐久	健康舒适	生活便利	资源节约	环境宜居	提高与创新
评分项总分	100	100	70	200	100	100
评分项最低 得分要求	30	30	21	60	30	—
评分项得分	96	87	49	147	76	27
总得分	$Q=(Q_0+Q_1+Q_2+Q_3+Q_4+Q_5+Q_A)/10$； Q_0 为控制项基础分值,当满足所有控制项的要求时,取 400 分					88.2

该项目,满足"应用建筑信息模拟(BIM)技术"与"进行建筑碳排放计算分析,采取措施降低单位建筑面积碳排放强度"要求,最终绿色建筑评价总得分达到 88.2 分,绿色评价标准星级为三星级。

5.3.3　基于 BIM 模型的设计优化论证

BIM 正向设计以三维 BIM 模型为出发点和数据源,在全过程设计及项目管理过程中,利用可视化的特征与 BIM 可视化三维成果,开展全专业设计核查与各阶段分析模拟,辅助各参建方进行可视化沟通,对可能存在的功能、净高问题进行优化,提高问题解决及决策的效率。以下列举几个本项目中基于三维 BIM 模型对原设计方案进行的设计优化。

(1)初步设计阶段——中庭楼梯优化(图 5-11)

(a) 原设计方案　　　　　　　　　　　　　　　　(b) 优化后方案

图 5-11　中庭楼梯优化

原设计中,6 层中庭处设置一部楼梯,跨度 16.7 m,宽度 2.0 m,楼梯下方没有楼板,净高超过 20 m。中庭楼梯使用率较低,同时为保证楼梯使用过程的安全性,楼梯扶手需要加高加固。模型漫游及效果图对比显示,楼梯美观性并不能达到预想效果,且影响中庭竖直方向的视觉通透性。项目各参建方综合楼梯的功能性、美观性、安全性和经济性,一致决定取消此中庭楼梯。

(2)施工图设计阶段——露台补充吊顶(图 5-12)

(a)原设计方案　　　　　　　　　　　　　　(b)优化后方案

图 5-12　露台区域吊顶优化

科研楼五楼的露台位置,原设计方案不设置吊顶,在加入装饰的 BIM 建模过程中发现原设计方案直接将此处钢梁暴露的做法过于粗犷,无法融入周围环境,影响美观,因此在此处补充吊顶。此外,考虑到此处为中央围合空间与建筑外的联通区域,风速较大,在四方论证会上,相关方对吊顶设计与安装时的加固处理做了备注。

(3)施工图设计阶段——楼层净高优化(图 5-13)

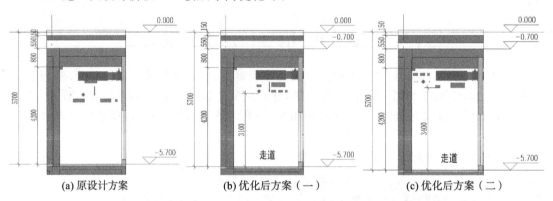

(a)原设计方案　　　　　　　(b)优化后方案(一)　　　　　　　(c)优化后方案(二)

图 5-13　楼层净高优化

对于传统二维设计,设备各个专业线路集成后错综复杂,平面图纸难以表达实际空间位置,更无法进一步合理排布管线。BIM 三维模型虽能够清晰表现各专业管线的排布情况并进行模型碰撞检查,但根据提资的二维图纸搭建管线模型完成后,再统一进行检查修改,较为烦琐。相对上述两种管线排布的工作模式,采用全专业 BIM 正向设计能够提前对各专业管线进行排布,还能让施工方提前介入设计阶段的管线排布方案,优化局部可能存在问题的关键位置的管线排布,减少返工修改的工作量,提高设计、建设效率,同时保证图、模、实一致。

5.4　应用特色

5.4.1　协同管理平台

基于 BIM 的工程项目协同管理平台,为项目工作内容管理提供了一个集成的协同环境,实现项目的 4 个协同管理,即人员协同、文档协同、模型协同、业务协同,轻松实现各方的可视化浏览、项目图档的集中管理、项目问题的跟踪解决和业务流程的协同执行。优比协同平台见图 5-14。

图 5-14　优比协同平台

该平台产品实现项目图档的集中管理,便于统一管控、共享和更新。此外,BIM 模型的轻量化在线管理,基于自主研发的模型轻量化引擎,用户无须安装客户端及插件即可在网页中浏览 BIM 模型的构架及详细属性信息,操作简单快捷,便于可视化交流和协作,同时支持任务流程的定制和追踪,便于及时处理和高效推进,且各类操作的动态留痕,便于问题追溯。优比协同平台功能演示见图 5-15。

(a) 模型剖切　　　　　　　　　　　　(b) 文件查看

(c) 数据统计　　　　　　　　　　　　(d) 模型浏览

图 5-15　优比协同平台功能演示

5.4.2 图模一致,可视化表达

项目采用全过程全专业 BIM 一体化正向设计的工作模式,全专业共同一工作平台,根据项目的三维模型建模标准,以二、三维交互的形式完成专业内的设计建模制图任务,将 BIM 三维可视化模型作为日常设计交流的工具,同时结合参数化族构件的二维表达深化及构件设计相关参数信息的录入,实现三维模型通过剖切生成理想的二维图纸效果,图模一致,二、三维实时动态更新。二、三维交互式 BIM 建模见图 5-16。

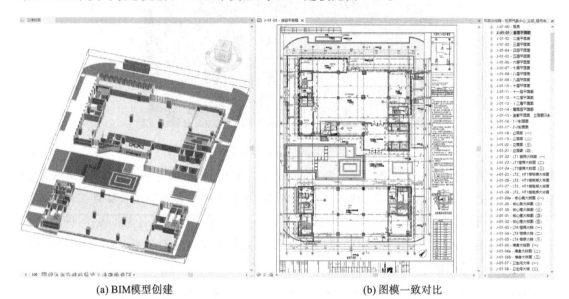

(a) BIM模型创建   (b) 图模一致对比

图 5-16 二、三维交互式 BIM 建模

各专业完成了设计建模制图后需要从 Revit 导出 CAD 图纸。但 Revit 自带导出的 DWG 文件有诸多不符合设计习惯的地方,且后期处理相当烦琐。针对该痛点问题,基于 Revit 软件,自主研发 uBIM ReCAD 插件,见图 5-17。

图 5-17 uBIM ReCAD 插件

该插件可以根据各设计院 CAD 出图标准,对三维构件进行自定义图层设置,多个环节一步到位,一键批量导出符合设计制图习惯的 DWG 文件,并可同步导出带图层的 PDF 文件。此外,该插件亦支持对多张 DWG 文件进行一键合并,同时合并对应图层等功能。uBIM ReCAD 插件导出 CAD 图纸见图 5-18。

uBIM ReCAD 插件在三年时间内,经过 62 个项目约 800 m^2 建筑面积出图的锤炼,已经

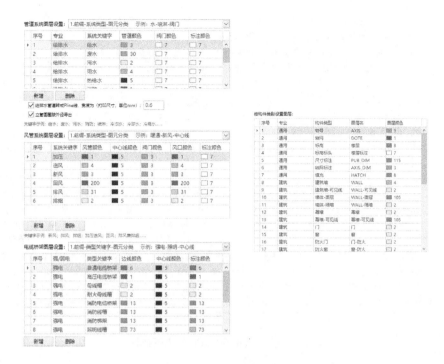

图 5-18　uBIM ReCAD 插件导出 CAD 图纸

解决了绝大部分 BIM 正向设计导图会遇到的问题,实现了稳定、快速、便捷的 CAD 图纸输出。

5.4.3　自主研发效率工具

在项目正向设计的过程中,根据实际需求,优比公司自主研发 uBIM Tools、PRD Tools 等提高建模、出图效率的插件。其中 uBIM Tools 集成了上百个建模效率工具,PRD Tools 集成了 50 个以上出图效率工具及辅助设计工具,具体如下。

①"板加腋"功能:拾取三维模型中结构框架布置,并一键自动生成板加腋模型。

②"万能门窗"工具:通过输入门窗相关参数、开启样式、是否存在百叶等不同情况,快速生成门窗构件族,极大提高 BIM 正向设计的效率。

③"喷淋小达人"工具:实现喷淋管线智能布置生成,并自动进行管径计算,快速寻找最不利点,并实现喷头类型快速转换等功能。

④"烟感小达人"工具:通过拾取房间空间范围,根据设计规则自动生成烟感,实现烟感智能布置。

⑤一键轴网、标高标注、一键生成门窗大样,一键放置图框、图例等工具的开发,大大提高了 BIM 正向设计制图的效率。

优比公司开发 Revit 建模插件见图 5-19。

图 5-19 优比公司开发 Revit 建模插件

5.5 项目总结及规划

项目建成后将成为全球首个世界气象分中心。该项目作为一项民生工程，将致力于对气象条件进行更精密的监测，为海上丝绸之路沿线国家与地区提供预测指导产品，解决粤港澳大湾区气象防灾减灾以及国际远洋航运气象保障等多个难题，让预报更加精准，为人们的日常生产生活提供更好的服务，同时为经济社会的发展保驾护航。

5.5.1 项目综合效益分析

（1）设计品质提升

项目使用 Revit 软件进行全专业全过程模型搭建，二维图纸均由三维模型剖切生成，平面、立面、剖面与三维模型保持一致。机电模型链接建筑模型及模型内的平面视图作为工作开展的前提，动态更新保证机电底图与建筑平面图完全一致。全专业在同一平台完成设计工作任务，各专业交圈，设计闭环，实现无错漏碰缺，保证图模一致。

（2）多方参与决策

BIM 正向设计是以三维可视化模型为出发点和数据源，在设计的过程中二维图纸与三维模型同步，图模一致，同时借助 BIM 可视化的软件，以三维的模式展示设计成果，相对于二维图纸的效果更直观、更全面，利于了解项目进度实况，辅助设计推敲，使多方业主更为科学、准确地进行决策与管理，便于施工方制定施工计划。

（3）减少设计变更、返工

在前期设计阶段，前期方案的模拟为业主等各参建方详细讲解了具体方案构思设计情况,减少不必要的返工作业,与其他传统项目相比,降低 59.09% 的方案返工率,大大提升了设计工作效率。前期设计阶段 BIM 工作统计表见表 5-2。

表 5-2　前期设计阶段 BIM 工作统计表

模　　式	项 目 名 称	前期方案讨论会	前期方案返工修改次数	前期方案返工修改平均次数
传统设计管理模式	某青少年宫 EPC 项目	12	21	22
	某会议会展中心 EPC 项目	9	18	
	某政务服务中心 EPC 项目	15	29	
	某综合体 EPC 项目	11	20	
	某五星级酒店 EPC 项目	14	22	
BIM 正向设计管理模式	世界气象中心粤港澳大湾区中心项目	5	9	9

在施工图设计阶段,通过各大专业 BIM 模型的集成工作,发现专业间的界面漏项具体数量为 56 处,通过后续的深化设计以及碰撞测定,发现具体的碰撞点有 675 项,经过细节检查需要优化的硬碰撞总数量有 864 个,通过 BIM 正向设计的方案有助于规避后续的施工变更,获得较为理想的经济效果。截至目前,项目未发生设计变更,初步预估节约项目投资额达 1500 万元。施工图设计阶段 BIM 工作统计表见表 5-3。

表 5-3　施工图设计阶段 BIM 工作统计表

模　　式	项 目 名 称	设计变更数/份	平均设计变更数/份
传统设计管理模式	某青少年宫 EPC 项目	54	75.2
	某会议会展中心 EPC 项目	72	
	某政务服务中心 EPC 项目	57	
	某综合体 EPC 项目	124	
	某五星级酒店 EPC 项目	69	
BIM 正向设计管理模式	世界气象中心粤港澳大湾区中心项目	暂无	暂无

（4）快速看板定样

材料看板定样时期,受益于 BIM 正向设计施工图设计阶段的深化,顺利达成了该阶段的精准选择、快速定样,同时加快采购的速度和精准控制量,与类似工程项目对比,节约实际材料看板定样耗时近 31.65%,初步预估达 480 万元。材料看板定样期间 BIM 效益统计表见表 5-4。

表 5-4　材料看板定样期间 BIM 效益统计表

分部工程	看板定样材料个数	正向设计管理下耗费时长/天	传统设计管理下耗费时长/天	减少天数/天	耗时减少率	平均耗时减少率
标识标牌	15	25	46	21	45.65%	
电梯工程	3	35	55	20	36.36%	
机电工程	45	60	75	15	20.00%	
幕墙工程	32	81	105	24	22.86%	31.65%
精装修工程	108	65	90	25	27.78%	
园林绿化工程	48	32	45	13	28.89%	
泛光工程	25	45	75	30	40.00%	

5.5.2　规划及改进方向与措施

对于设计阶段,全专业模型的信息集成度需要进一步提高,充分利用轻量化三维信息模型实现设计方、施工方等多方单位的协同合作,在现有的物联网与研发技术基础上开发更为便捷的模型信息在线共享功能,实现多方同步在线进行意见批注、远程沟通交流功能,提高设计方案构想的汇报及审核闭环的效率。

对于施工阶段,竣工 BIM 三维模型需要进一步的细节更新与信息完善,并配合建设单位对专用设备的供应商提供的专用设备模型进行验收,并补充录入专用设备相关的参数信息。

对于运维阶段,项目建设后期需要开展一系列的投入生产运作规划及协调工作,结合多方业主的要求,在运维管理阶段中引入 BIM 技术,提供一个更为高效便捷的运维管理平台,在满足基本生产使用需求的基础上增加项目投资收益,同时实现设计、施工和运维阶段的信息共享。

第6章　基于 BIM 技术的信息化管理在广州国际文化中心超高层项目中的应用

6.1　项　目　概　况

广州国际文化中心位于广州市海珠区琶洲街道西区 AH040245 地块,地上 54 层,地下 5 层;建筑总高度为 320 m,总建筑面积为 162521.6 m²。主体结构采用核心筒＋钢混结构外框,外框结构采用钢管混凝土柱＋钢梁＋钢筋桁架楼承板结构形式,建筑设计使用年限 50 年,耐火等级一级,抗震设防烈度 7 度(图 6-1)。

图 6-1　项目效果图

本项目建设范围包括施工总承包和总承包管理配合服务两项内容。其中施工总承包工作内容包括基坑及支护工程、地基与基础工程、主体结构工程、建筑电气工程、建筑给排水工程、消防工程、通风工程、电梯工程、建筑装饰装修工程、室外工程、人防工程、智能建筑工程、园林景观、园林绿化工程、市政燃气、市政弱电工程等。工程造价约为 17.279 亿元。

项目作为入选广东省第一批智能建造建设试点示范工程,从打造数字设计、智慧建造等多方面全面开展智能建造试点工作,受到集团和各界高度重视,被集团作为重点关注对象。集团高度重视本项目的智慧工地建设,要求管理团队打造成智能建造标杆项目,推进智能化技术集成应用,提高智能建造水平。

6.1.1　项目基本情况

广州国际文化中心由广东南传广场开发有限公司投资,广东珠江监理咨询集团有限公司监理,广东建筑集团有限公司承建,广东建科创新技术研究院完成 BIM＋智慧工地全过程咨询。项目位于琶洲全球智慧城市示范区,首层"山形"大堂高达 54.5 m,建筑入口门厅宏伟,视觉震撼力强烈,41.5 m 的顶部空中花园将城市美景尽收眼底,建成后将是全球文化产业第一高楼。

6.1.2　项目重难点

项目作为广东省推进建设文化高楼的重大标志性文化工程,同时也是琶洲全球智慧城市示范区工程,对 BIM 应用及信息化水平均提出了较高的要求,具体设计施工管理重难点如下。

①体量大、专业繁杂、施工工艺难度大。本项目属于超高层项目,体量较大,涉及幕墙、精装修、机电安装、园林绿化等专业工程,专业分包多,要确保本工程顺利完成各个目标,集成管理及协调是工程的重点。

②场地狭窄、工期紧张。项目场地狭窄,主体结构施工阶段专业分项工程多,立体交叉作业,地下室施工时材料多,平面布置和运输是关键点,需要借助 BIM 技术的协同功能,合理安排工作面和流水作业,确保工序之间交接顺畅。

③安全、质量控制标准高。项目属于超高层建筑高空作业,安全防护是安全管理重点问题,并要保证周边项目工地的安全施工。由于竖向层数多、建筑高度高,垂直度、沉降以及构件温差变形控制是确保工程总体质量的关键。

④参建单位多,协调难度大。参建单位包含业主、设计、施工、监理等多家单位,设计变更、工程洽商多,有效组织各项工作,须面对多种需求和设计效果的图纸变动,对项目 BIM 系统管理和模型信息管理带来极大的挑战。

6.2　项目策划

项目以确保获得鲁班奖为创优目标,通过 BIM＋智慧工地建设打造项目管控全方位、全时段和全天候,有效提升管控效率;同时在现场开辟一个独立区域部署指挥中心展馆,一站式将工地的信息情况进行集中展示和统一指挥调度,便于更好地向领导、项目管理人员、施工人员进行讲解,形成从上到下的认知。BIM＋智慧工地的部署需要项目方全方位的配合,通过流程、制度的引导和督导落地,才能将智慧工地真正应用并产生成效(图 6-2)。

6.2.1　团队组织架构

本项目的 BIM 应用涵盖多个专业,设置专业 BIM 工作组,设置 BIM 项目负责人,统筹协调土建、机电、幕墙、钢结构、电梯、装饰装修等 BIM 团队,完成业主方模型的中转与集成。

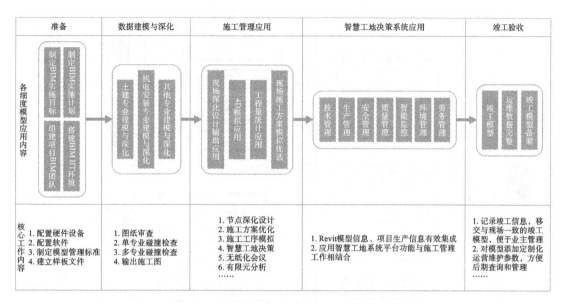

图 6-2　项目智慧建造技术实施总体流程图

项目部组建完整可靠的 BIM 专业管理团队,利用 BIM 进行全过程精细化、高质量管理(图6-3)。

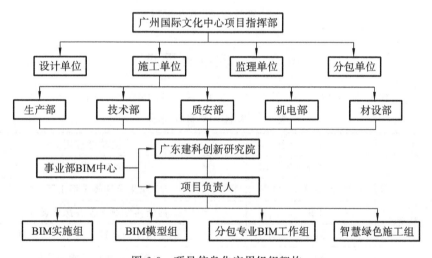

图 6-3　项目信息化应用组织架构

6.2.2　BIM 标准制定

项目积极推进全专业 BIM 资源整合,以各参建单位 BIM 管理标准为补充,广州市 CIM 及 BIM 审查相关资料为最终交付标准,提前对 BIM 的管理标准和各单位间模型信息标准进行统一,编制了保证项目实施的标准(图 6-4),为后续各专业 BIM 管理提供技术支撑,同时也可以推广到其他类似项目。该流程和标准得到业主和各参与方高度认可。

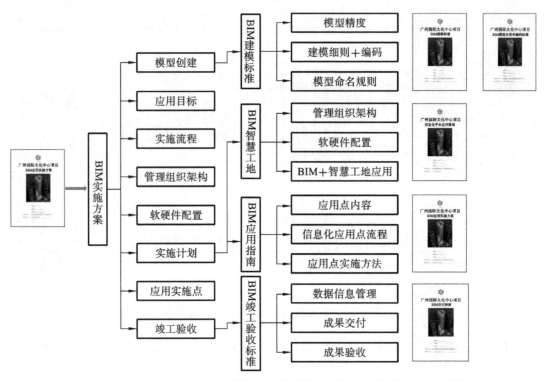

图 6-4　项目信息化应用标准集

6.2.3　软硬件环境

项目前期组建专业 BIM 团队,并配备满足整个项目需求的软硬件设备(表 6-1)。

表 6-1　项目 BIM 软件清单

应　　用	BIM 软件名称	主要功能应用
BIM 建模及 深化设计软件	Autodesk Revit 2018	土建专业建模及深化
	Autodesk CAD	深化设计施工图出图
	Tekla	钢结构专业建模及深化设计
	Midas	钢结构受力计算有限元分析软件
	Rhino	幕墙专业建模及深化设计
成果输出软件	3D Studio Max	效果图、流程动画输出
	Lumion	效果图、漫游视频输出
	Enscape	效果图、漫游视频输出
	Fuzor 2018	漫游视频输出
	Adobe AE 2018	视频效果制作
模型整合软件	Autodesk Navisworks	各专业模型整合、碰撞监测及进度模拟分析
BIM 信息管理平台	—	BIM 全过程管理

6.3 项目实施

6.3.1 BIM 应用

（1）BIM 模型建立

根据施工图纸建立项目钢结构、土建、幕墙、机电等专业模型（图 6-5），并进行集成，为后续项目应用奠定基础。

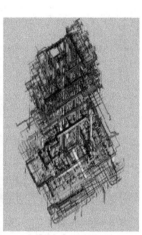

(a) 钢结构BIM模型　　(b) 土建BIM模型　　(c) 幕墙BIM模型　　(d) 机电BIM模型

图 6-5　项目各专业模型

（2）场地布置

利用 BIM 可视化特性，通过标准构件族对不同施工阶段的场地进行布置，优化场地布置方案，提前发现安全隐患，实现多方案对比，并对 BIM 模型进行临建材料工程量自动提取，指导现场施工作业。施工现场作业面调整了 9 次。

利用 BIM 族库建立场地布置模型（图 6-6）；针对模型召开研讨会议，对场地布置不合理之处讨论修正；对修正的模型进行二次审核；利用 Revit 导出带坐标的场地布置图纸和材料用量表，交付工程部与材料部；工程部依据带坐标图纸进行放点实施；材料部依据材料用量表进行采购；对实施的结构进行跟踪记录，依据各部门反馈意见修改相应的模型。

（3）基于 BIM 的施工图检查分析

运用 BIM 技术对项目图纸进行检查，包括结构布置错漏、预埋不合理、机电管线碰撞等问题（图 6-7），及时提出意见并反馈给业主单位，业主单位回复后，同时反馈给施工单位复核并施工，形成信息闭环，减少信息传递误差。这样可有效减少项目图纸错漏、物理碰撞、现场返工等问题。

（4）施工深化应用

①钢结构深化。

施工前，基于 Tekla 软件创建高精度的钢结构 BIM 模型，优化各节点的连接方式、钢筋节点等。与其他各专业进行碰撞检查，消除专业间的设计冲突。与此同时，基于 BIM 模型

(a) 基坑阶段三维场布

(b) 上部主体阶段三维场布

(c) 场布族构件

图 6-6　项目场地布置模型

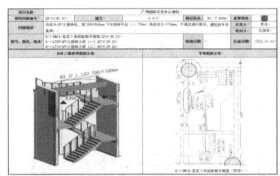
(a) 结构图纸问题

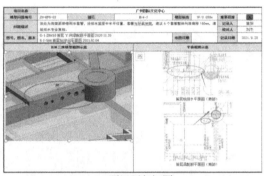
(b) 预埋预留问题

(c) 现场会议协调

(d) 施工现场跟踪闭环

图 6-7　基于 BIM 的图纸检查应用

进行力学仿真模拟,验算不同荷载、工况下的建筑位移和应力应变,经过验算各项值均满足规范要求,施工安全性高(图 6-8)。

②幕墙专业深化。

在 Rhino 软件中创建幕墙 BIM 模型,在模型创建过程中发现并解决多处设计不合理之处,如首层平面分格与吊顶不锈钢及栏杆分格错位,一层、二层吊顶不锈钢与钢结构梁冲突等。利用 BIM 对悬挑雨棚钢龙骨、转角装饰条龙骨等部位进行优化(图 6-9)。

③塔吊起重吨位及定位分析。

塔吊起重吨位及定位分析即动臂塔吊防碰撞最大功效分析。本项目上部结构采用动臂塔吊施工,在保证安全的情况下,发挥最大工效是关键。动臂塔吊附着于核心筒南北侧,利用模型预先分析大臂作业范围,合理布局 2 台动臂吊施工范围,数字计算动臂吊吊运范围和效率,选择核心筒东西中线,有助于提高现场施工效率(图 6-10)。

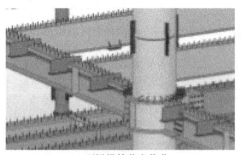
(a) 环梁搭筋节点优化

(b) 钢骨柱节点钢筋深化

(c) 施工组合位移仿真模拟

图 6-8　钢结构深化

(a) 分格错位调整

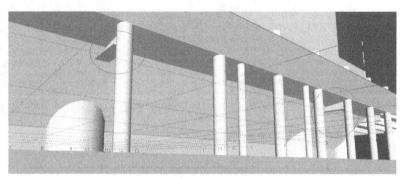
(b) 吊顶与钢梁冲突优化

图 6-9　幕墙深化优化

④电梯圈梁深化。

进场电梯工程为导轨牵引安装,须加设圈梁。经电梯公司 BIM 深化后,总包与原有土建模型进行合模分析,发现电梯圈梁与土建冲突位置有 186 处。各方就功能合理性、施工可行性、材料成本最优性等展开讨论,调整圈梁最终方案,避免了后期返工,提高了现场施工效率(图 6-11)。

⑤预埋件深化。

核心筒外剪力墙面预埋件较多,需要进行预埋件位置深化和复核。针对每层钢结构一圈、爬模爬锥 22 个预埋件、塔吊 8 个预埋件,在 BIM 模型中进行平面立面精准定位,提前发现预埋件与其他专业的碰撞问题,进而调整优化预埋件位置,以保障施工的顺利进行。

⑥铝模深化。

核心筒采用铝模支模。因铝模加工成成品后无法调整其背楞宽度,项目技术团队根据铝模深化图纸创建铝模 BIM 模型,进行铝模与爬锥位置复核。铝模深化优化有效避免了爬锥在两块背楞间隙中从而造成铝模无法拼装的情况(图 6-12)。

(5) 基于 BIM 的施工方案对比分析

本工程任务重、工期紧,地下室结构施工需要大量用到倒圆锥形柱帽支模施工技术,但传统的支模方法难以完成倒圆锥形柱帽的施工。项目结合 BIM 技术分析,根据现场施工需求研发合适的支模方法来完成倒圆锥形柱帽支模施工。借助 BIM 模型可视化及虚拟建造能力,项目分别对 3 种具有可实施性的施工方案进行 BIM 建模,如图 6-13 所示。

分析:

3#动臂塔吊LH630-50,臂长50 m,动臂塔吊吊臂竖向变辐角度为15°～85°,水平向可360°旋转,独立作业范围约为21.6万 m³。

4#动臂塔吊LH630-50X臂长60 m,动臂塔吊吊臂竖向变辐角度为15°～85°,水平向可360°旋转,独立作业范围约为33.4万 m³。

交叉范围约为14.3万 m³(取小数点后一位)

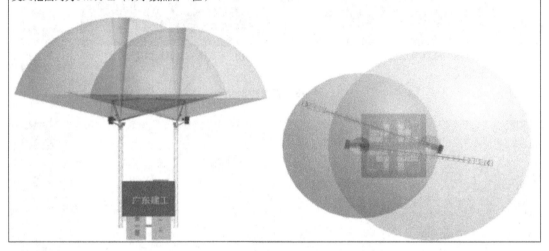

图 6-10 塔吊起重吨位及定位分析

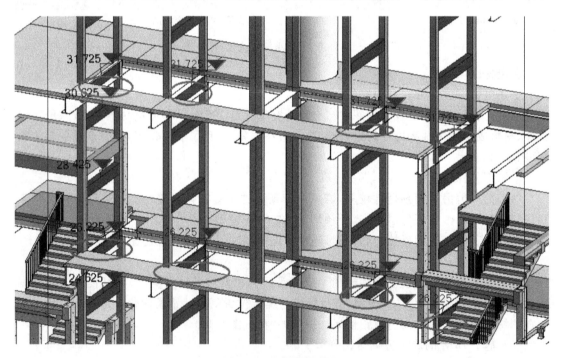

图 6-11 电梯圈梁深化

结合 BIM 模型对三种方案进行综合分析,分析结果如表 6-2 所示。通过对三种方案进行综合分析对比,方案 3 更具优势。因此,选定方案 3 为项目施工方案。

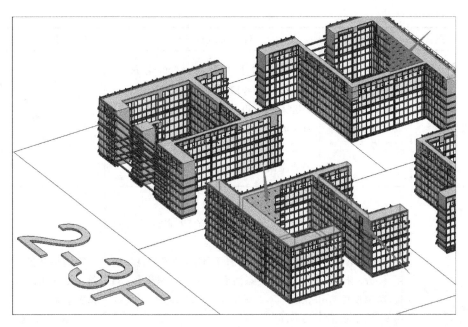

图 6-12　铝模深化模型

(a) 方案1

(b) 方案2

(c) 方案3

图 6-13　倒圆锥形柱帽支模方案 BIM 建模

表 6-2　施工方案对比分析

方　案	技术分析	经济合理性分析	安　全　性	结论
方案 1：定型化木模拼装法	工厂预制，现场支设效率高；成型观感好，曲线顺滑	①材料。 a. 木方：20 元/m×59.2 m×13＝15392 元。 b. 本项目共五层地下室，共 65 个倒圆锥形柱帽，平均每层地下室有 13 个倒圆锥形柱帽。由于定型化木模使用拆卸后易损坏，考虑两层一换，须采购三套定型化模板，材料成本共为 600 元/个×13 个×3＝23400 元。 ②人工成本：350 元/(人·日)×26 人×15 日＝136500 元。 ③人、材成本总计：175292 元	木模自重轻，但板块划分较多，多个模板拼接，安全性能较差	不采用

续表

方　案	技术分析	经济合理性分析	安　全　性	结论
方案 2：铝模拼装法	工厂预制，现场组装效率高；成型观感好，曲线顺滑	①铝合金模板材料：1200 元/m²×6.56 m²/个×13 个＝102336 元。②人工：350 元/（人·日）×26 人×10 日＝91000 元。③人、材成本总计：193336 元。成本高于方案 1 和方案 3	模板自重较重，吊装容易发生安全事故	不采用
方案 3：钢木组合拼装法	构造简单，利用木方、木模板、薄钢皮即可制安；成型观感好，曲线顺滑	①材料。a. 木方：20 元/m×59.2 m×13＝15392 元。b. 薄钢板可循环利用，考虑材料的损耗，需要采购两套 0.7 mm 薄钢板：35 元/m²×6.56 m²/个×13 个×2＝5969.6 元。②人工：350 元/（人·日）×26 人×15 日＝136500 元。③人、材成本总计：157861.6 元。成本优于方案 1	薄钢板裁剪、拼装过程需要佩戴手套；承载力满足要求	采用

经过项目技术团队补充完善，形成了一套基于 BIM 技术的倒圆锥形柱帽钢木组合模板一次成型施工技术，并荣获广东省土木建筑学会科学技术奖二等奖（图 6-14）。

图 6-14　获奖证书

（6）基于 BIM 的技术交底

针对二维图纸难以表达的比较复杂的区域、节点，比如异形柱帽、特殊施工模板、核心筒墙固件、铝模、二次优化排砖等，基于 BIM 模型进行三维可视化表达，辅助现场人员看图，提高识图效率和准确性（图 6-15）。

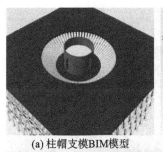
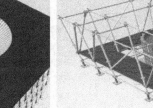

(a) 柱帽支模BIM模型　　　　(b) 试验柱施工方案BIM模型　　　(c) 环梁节点钢筋BIM模型

(d) 柱帽现场支模　　　　　　(e) 试验柱施工　　　　　　　(f) 环梁钢筋施工

图 6-15　基于 BIM 的技术交底

（7）工序工艺模拟

根据施工方案和进度计划,基于 BIM 模型制作施工工序动画,对一线施工管理人员和作业班主进行安全技术交底。BIM 工序模拟可提高施工的效率和准确性,减少工人盲目施工所造成的返工和材料浪费,达到绿色施工的效果。项目累计完成工序模拟 40 余个,大面积交底 10 余次。

6.3.2　智慧工地管理

智慧工地管理有利于提升项目管理效率,促进企业的数字化转型。

①BIM＋智慧工地数据管理系统:将现场业务集成到一个统一平台,并将产生的数据汇总形成数据中心,项目关键指标通过直观的图表形式呈现,基于项目概况面板,工作人员可快速了解项目基本信息(图 6-16)。

②实名制系统:劳务管理人员可随时了解项目施工队伍的现场出勤、在岗工人数量、防疫情况、劳务人员个人信息等情况,与建委进行对接,符合劳务实名制要求,得到了各方高度认可。

③智能监控系统:将现场视频监控系统接入平台,对施工现场关键部位、重点生产区域、施工主要点等现场情况进行 24 小时实时监控,实时了解现场情况与动态(图 6-17)。

④设备监测:在智慧工地平台中,结合塔机模型,实时显示监测数据和吊钩监控画面,实现塔吊运行状态的多方位监控;通过传感器监测钢丝绳内部断丝断股等损伤情况,并实时传输数据至智慧工地管理系统,实现钢丝绳安全状态自动化监测(图 6-18),方便管理人员远程监管,实现钢丝绳安全使用。断丝监测准确率达 85％,断股监测准确率达 99.9％。

⑤绿色管理系统:基于平台对建筑工地工程环境扬尘、气象、噪声进行实时监测,对工地工程用水、用电进行实时监测,并将监控系统与平台对接关联。现场环境检测数据自动更新,当出现超过设定的正常值的情况时,平台可以自动报警。项目开工至今未发生环境恶性

图 6-16　项目信息总览

(a)AI智能监控

(b)不安全行为识别

图 6-17　智慧工地 AI 智能监控

事故。

⑥质量安全实施中,平台累计有 581 条安全数据,重大隐患 109 条,发现隐患和现场质量问题快速记录,及时通知整改,整改完成后进行复查,全流程在手机端自动流转,快速高效完成隐患销项(图 6-19)。平台累计有 217 条安全数据,紧急安全数据 3 条,及时整改率达 88.94%。

⑦技术管理上,项目运行至今,平台上已挂接 1791 份图纸、43 次方案清单、61 次技术交底、122 次文档交底、256 次二维码管理等,为现场人员提供了便捷的看图渠道。

图 6-18　塔机运行状态监测及吊钩可视化

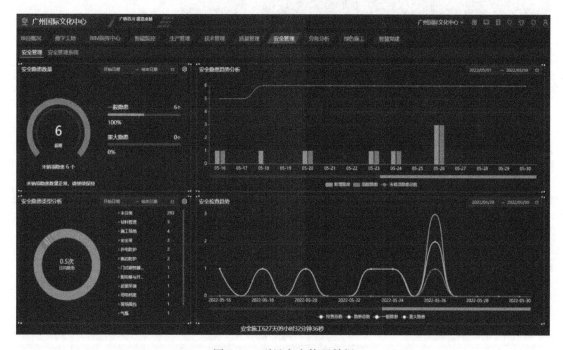

图 6-19　项目安全管理数据

⑧生产管理最终形成人、材、机以及进度等多维度的图表分析,数据可支撑项目例会使用,形成施工日志等文件。

⑨物料管理上,堵塞项目规模大而造成的验收管理漏洞,提升业务效率,提升项目部经济成本效益。

⑩在数字工地中,可以快速查阅设备位置、查看设备运行情况。

⑪党建学习。利用智慧工地平台,将各类学习资料进行整合,实现党员远程学习等。宣传工作方面,将党委的动态及党建的工作内容和资讯在终端进行实时展示,营造项目党建文化氛围,以党建引领生产。

6.3.3　基于 BIM 的仿真计算分析

(1) 间歇式异型膨胀加强带工艺

原设计要求项目楼板施工缝采取后浇式加强带施工方法。由于工序搭接间隔时间长,还要进行大量接缝位置的处理工作,且后期拆撑工程量大,因此该做法严重影响工程进度,无法体现膨胀加强带的优越性。经过与设计、监理和甲方沟通,决定将后浇式膨胀加强带工艺改为间歇式异型膨胀加强带工艺,缩短工序之间的间隔时间,大大加快施工进度。运用有限元数值模拟软件(midas FEA NX)验证间歇式异型膨胀加强带的结构安全性,为尽早拆除模板和支架提供理论依据。经有限元验算,在拆除了模板和支架的情况下,加强带结构依然安全稳定(图 6-20)。

(a) 加强带有限元模型　　　　　　　　　　(b) 有限元分析结果

图 6-20　间歇式异型膨胀加强带有限元计算分析

(2) 倒圆锥形柱帽钢木组合模板一次成型施工技术

在传统工艺的基础上,创新性地采用钢木结合工艺,将竖楞作为支撑,环形布置一圈斜向木方,外围利用环形木模板限位,斜向木方上表满铺一层薄钢皮。该技术巧妙地发挥了木方轻质、易拼装的优点,同时采用薄钢皮做模板表面,确保了倒圆锥形柱帽成型后表面较为光滑,提升了质量、观感,且整个工艺构造简单,施工方便,极具推广价值(图 6-21)。

(3) 钢梁承重式卸料平台力学分析

在项目的施工过程中,在永久结构的大型钢梁上方设置卸料平台主要有两种情形:一种是搭设在互相平行的两根钢梁上方;另一种是搭设在有交叉趋势的两根钢梁上方。卸料平台本身均采用相同的设计构造,总长 6 m,总宽 4.5 m。平台的主要承重构件由小型钢梁焊接而成,小型钢梁上方搭设花纹钢板,周边用栏杆和挡板围住(图 6-22)。

6.3.4　BIM 创新应用

(1) BIM＋电子沙盘

电子沙盘可 360°形象展示项目和周边的整体效果,对空中花园、标准层、大堂、地下室等重点部位进行精装修展示,并将 BIM 三维交底视频载入系统,进行项目工艺亮点展示。该

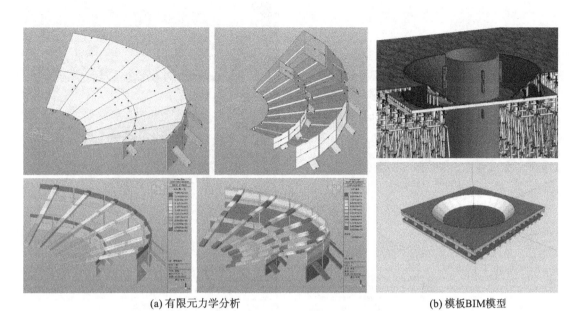

(a) 有限元力学分析　　　　　　　　　　　(b) 模板BIM模型

图 6-21　倒圆锥形柱帽钢木组合模板 BIM 建模与受力分析

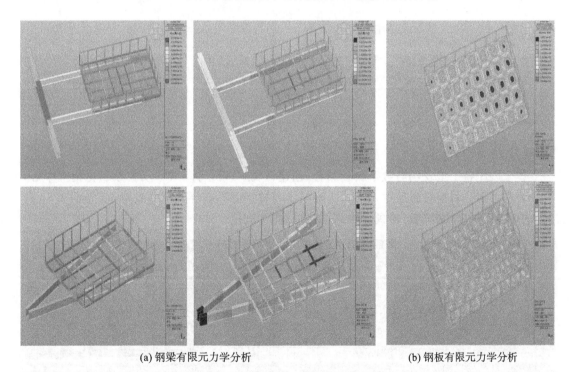

(a) 钢梁有限元力学分析　　　　　　　　　(b) 钢板有限元力学分析

图 6-22　钢梁承重式卸料平台力学分析

仿真平台将项目成果集成表现，对内可交底、对外可展示，获得多方认可和支持（图 6-23）。

该平台研究应用成果荣获 2022 年广东省土木建筑学会科学技术奖二等奖（图 6-24）。

(a)项目展示

(b)电子沙盘布置

图 6-23　项目电子沙盘

图 6-24　数字仿真平台获奖证书

（2）BIM＋智慧展厅

智慧展厅将工地现场与数字科技结合,创建可观摩、可指挥、可移动的数字化指挥中心,实景表现力强。目前智慧展厅是展示工地技术与数字信息结合的重要场所,已经承接 10 余次大型接待、观摩、交流会,得到业主高度认可(图 6-25)。

图 6-25　项目智慧展厅全景图

6.4　项目总结及规划

6.4.1　BIM 应用总结

超高层项目全过程数字化 BIM 应用以 BIM 技术为应用核心,深抓施工细节,在深化优化、成本节约、施工保障、施工品质提升方面为项目开创效益,进一步凸显了"广东建工"的标杆型建筑影响力,为项目推进注入了强大动力,充分调动了信息的交换流转,为智慧工地积累宝贵数据资源,为工程创造了显著的应用价值。

（1）应用成果

根据超高层项目特点,总结 BIM＋超高层应用标准和流程并加以实践,为类似工程进行数字化建造提供标准的、可实践的工作方式。通过 BIM 技术＋智慧工地＋科技创新,项目数字化成果实现了体系化落地,授权发明专利 3 项、实用新型专利 6 项,发表论文 7 篇,获国家级奖 3 项,省级奖项 12 项,集团科技进步奖 4 项。

（2）施工应用价值

借助 BIM 技术,项目各个专业、节点可以提前进行优化和多专业审查,利用 BIM 技术的可视化、协同性和虚拟建造等优势,帮助业主更好地了解建筑项目的情况,避免意外风险。同时通过优化对比确定最优方案,可节约成本、缩短工期,保障项目高质量施工。BIM 技术的应用使工程建设更加高效,节省时间和费用,为工程建设提供了技术支持和保障。

（3）综合管理价值

项目集成 BIM＋智慧工地技术,合理分布智能设备,一方面及时预警,另一方面将感知数据汇总到智慧平台,形成项目数据库,有利于管理人员分析、决策。项目整体施工管理信息集成到一个平台展现,包含生产、技术、劳务、安全、质量等应用数据,保障生产和人身财产安全,提高项目智能建造的水平,实现模型转换、预览、集成及共享。

6.4.2　未　来　规　划

下一步将在完善项目平台建设的基础上,确保各个平台板块落地能更加畅通、顺利,实现项目应用成果的进一步输出和转化。

①持续推进以 BIM 为核心的智慧建造,基于 BIM 的项目精细化管理,为项目的提质增效打好坚实的基础。

②总结 BIM 实施应用经验,丰富公司在超高层建筑项目中的 BIM 实施案例,以指导其他项目推广应用。

③加强以 BIM 为导向的数字科技创新,探索融合 BIM 的施工成果及运维期的实用效率,实现超高层甲级写字楼智能运维。

第7章　BIM 技术助推佛山粤剧院项目施工精细化管理

7.1　项 目 概 况

7.1.1　工 程 概 况

佛山粤剧院项目位于佛山市禅城区卫国路东延线北侧(原佛山市委党校内),建筑面积 34144.08 m²(含经堂古寺修缮 460 m²),建筑高度 32.7 m,地下 2 层、地上 4 层,基础为预制管桩,主体为框架混凝土结构＋钢结构,工程造价 30146.53 万元。该项目尊重古寺原有风格和空间,新旧建筑融为一体,佛山本土文化与剧院建筑巧妙融合,用抽象的手法将粤剧印象融入建筑艺术中,古今空间碰撞,再现"经堂古寺听粤剧,大榕树下赏水袖"的盛景(图 7-1)。

图 7-1　项目效果图

本项目包括一座含 1100 个座位的大剧场、一座含 500 个座位的小剧场、一座含 250 个座位的先锋剧场和经堂古寺文化保护区等,具备粤剧文化展览、培训、文化消费休闲等文化配套功能。项目坚持传承与创新、艺术与文旅相结合,成为"一站式"和"体验式"的粤剧文化剧院综合体,建成后纳入佛山市创建国家公共文化服务体系。

7.1.2　项目特点与难点

本工程具有工期紧、标准高、专业工种多、协调管理难、施工场地窄、舞台高支模、技术要求高等特点。作为总承包施工单位,如何协调好总包和分包之间的关系,加强工地现场组织管理,是按时、优质地完成工程施工任务的关键。因此,结合本工程的实际情况以及根据公司的实力和优势,科学地进行施工组织;选择合理的施工方法,合理调配人力、物力、资金和机械设备;合理划分施工阶段并采用流水线施工;合理进行工期目标分解并采用网络计划技术,保证优质、高效、安全、文明地完成施工任务。

根据项目痛点与难点,提出相应的解决思路。

①钢筋混凝土框架剪力墙结构,局部为钢结构,其中钢结构最大悬挑长度为 29 m,安装难度大。为解决这个困难,采用 BIM 三维模型呈现工程结构,动态模拟施工过程,指导现场安装。采用 BIM 技术有利于提前发现和解决设计、施工中的问题,提高安装效率和质量。

②专业繁多,包括土建、机电、设备、装修项目管理等;专业性强、协调难度大,涉及的项目参与方众多,管理难度大。为应对这一挑战,对各专项方案进行模拟验证,制定合理有效的施工方案;借助项目协同管理平台,对各专业工作进行协调指挥、有序开展。这种方式可实现项目的全过程管理和控制,提高项目的进度和质量。

③古寺复原修缮难度大,经堂古寺有 600 多年历史,年代久远,无设计图纸。为了解决这个问题,利用 BIM＋激光扫描技术获取经堂古寺现状数据,并创建三维模型,指导古寺修复。该技术保留了古寺的原貌和风格,同时进行必要的加固和修缮。

7.2　项目策划

7.2.1　团队架构

广东建科创新技术研究院有限公司 BIM 技术研究中心负责本项目的 BIM 实施,并联合项目施工单位和相关单位组建了超过 15 人的项目 BIM 实施团队。项目组织架构图如 7-2 所示。

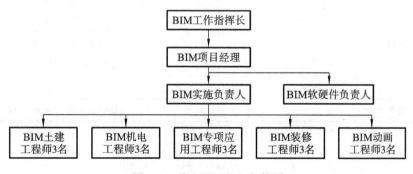

图 7-2　项目 BIM 组织架构图

项目 BIM 人员岗位职责见表 7-1。

表 7-1   项目 BIM 人员岗位职责

岗　　　位	职　　　责
BIM 工作指挥长	战略性把控项目信息化技术应用;协调内外资源关系
BIM 项目经理	项目总体技术把控,参与 BIM 技术质量和进度总把控
BIM 实施负责人	主要负责项目 BIM 工作任务分配、过程监督、检查,包括建模进度、深化进度,应用点实施进度以及质量,成果审核
BIM 软硬件负责人	主要负责提供 BIM 实施过程中软硬件设备的维护更新、技术支持,参与新技术研发,参与轻量化平台应用等工作
BIM 土建工程师	主要负责搭建土建模型,进行场地渲染、全专业模型整合、模型信息录入、表格报表输出,对接质量技术部、材料部
BIM 机电工程师	负责空调、电气专业、给排水专业、消防专业模型建立、问题反馈、管线综合、BIM 成果输出、建模培训
BIM 专项应用工程师	负责 BIM 技术在项目现场的落地实施,指导现场作业人员按照 BIM 模型和方案进行施工
BIM 装修工程师	负责粤剧院室内装修方案模拟效果展示,对接业主
BIM 动画工程师	BIM 技术推广,平台使用方法指导,对外展示及培训,对接商务部

7.2.2 BIM 软件

项目实施过程中应用的 BIM 软件见表 7-2。

表 7-2   BIM 软件

应　　　用	BIM 软件名称	主要功能应用
BIM 建模软件	Autodesk Revit 2020	建筑、结构、机电、装修等专业模型建立
	Tekla	钢结构专业建模及深化设计
	Rhino	幕墙专业建模及深化设计
效果输出软件	3D Studio Max	施工动画输出
	Lumion 11.5	场地三维漫游、场景渲染
	D5	场地三维漫游、场景渲染
	Fuzor 2020	漫游视频输出
	Adobe AE 2018	视频效果制作
BIM 信息管理平台	—	基于 BIM 的信息化管理平台

7.2.3 BIM 实施计划

本项目的 BIM 实施目标是通过精益管理、安全管理、质量管理、成本管理等方面,提高施工质量,推进项目争优创优,支持物业信息化管理。为了实现这一目标,本项目的 BIM 实施计划分为以下阶段,见图 7-3。

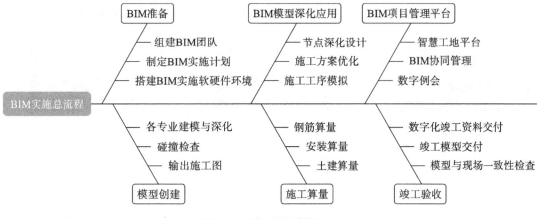

图 7-3　项目 BIM 实施计划

①BIM 准备:组建项目 BIM 团队,配置硬件设备和软件,搭建 BIM 环境,制定模型管理标准和建立样板文件。

②模型创建:根据图纸审查和设计深化的要求,建立土建、机电及其他专业的 BIM 模型,并进行单专业和多专业的碰撞检查,输出施工图。

③BIM 模型深化应用:利用 BIM 模型进行现场深化设计辅助、现场 4D 虚拟模拟、机电深化设计、现场施工方案优化等,提高施工效率和质量。

④施工算量:根据现场需求,利用 BIM 模型提取安装算量、钢筋算量、土建算量等物资信息,进行部分套价。

⑤BIM 项目管理平台:基于智慧工地平台、BIM 协同管理平台等进行项目施工管理,进行进度管理、成本管理、安全管理、质量管理、劳务管理、绿色施工、大型机械监控等应用,实现数字例会、无人机航拍等智慧工地现场管理。

⑥竣工验收:移交与现场一致的竣工模型,并对模型添加定制化运营维护参数,方便后期查询和管理,支持物业信息化管理。

7.3　项 目 实 施

7.3.1　项目 BIM 应用标准体系

为了顺利推进佛山粤剧院项目,解决佛山粤剧院项目结构复杂、造型新颖时尚、专业繁多且专业性强等问题,在总结已实施 BIM 应用项目的经验基础上,结合国家和行业 BIM 技术相关标准制定符合自身项目的 BIM 实施流程,包含 BIM 实施方案、BIM 建模标准、BIM 实施标准、BIM 应用点策划、BIM 技术实施方案、BIM 技术服务建模标准、BIM5D 实施应用标准、BIM 竣工验收标准、BIM 模型分类和编码标准等,部分标准如图 7-4 所示。

(a) BIM实施方案   (b) BIM建模标准   (c) BIM竣工验收标准

图 7-4　项目 BIM 标准体系

7.3.2　模型创建与深化

在佛山粤剧院项目中,建筑模型由各专业分别建立,并通过统一的模型管理平台进行汇总、整合和更新。各专业建模原则上遵循《广东省建筑信息模型应用统一标准》要求,控制在 LOD400;对于特定应用的模型,处理原则为满足应用要求的最低模型精度,用于效果展示的整体模型可适当降低模型精度至 LOD300(图 7-5)。针对粤剧院复杂钢结构部分进行钢结构深化设计,对于关键钢节点等精细建模,从而保证吊装过程的精准定位和安装。

图 7-5　土建模型渲染图

7.3.3　可视化漫游

结合 BIM 技术和项目特点,为项目制作直观形象的宣传视频动画,在迎接外宾和领导视察时能够直观反映项目的工程概况、施工重难点及标准化建设等情况。

经堂古寺作为佛山粤剧文化园的重要组成部分,将古寺原有风格和空间与剧院新建筑巧妙融合,古今空间碰撞。利用剧院、古寺和环境模型,全方位、立体模拟古今建筑的空间关系,从内外部不同角度考察空间过渡的视觉效果,分析本项目的整体方案(图 7-6)。

图 7-6　可视化漫游

7.3.4　三维协调和碰撞检测

BIM 建模过程同步检查模型的空间位置关系(图 7-7),模型与图纸相互验证,可及时发现构件尺寸标注不清、标高错误、详图与平面图不对应、碰撞等问题,编制问题报告,与业主、设计院组织相关人员进行多方沟通,及时纠错、避免返工。通过 BIM 模型的可视化及参数化技术,结合管线排布原则和出图规范,工作人员可对机电专业图纸进行审核,及时发现碰撞、错漏等设计问题;管线优化排布得到机电综合 BIM 模型,可用于机电工程算量、机电质量验收、机电专业施工的深化出图。

7.3.5　场地布置优化

佛山粤剧院位于佛山禅城市区,周边建筑多、交通繁忙,通过合理的场地平面布置(图 7-8),可降低对周边环境的干扰,提高场地利用率,减少临建使用数量,减少二次搬运,增加材料堆放和加工空间,方便交通运输,避免塔吊"打架",加快施工进度,降低生产成本。

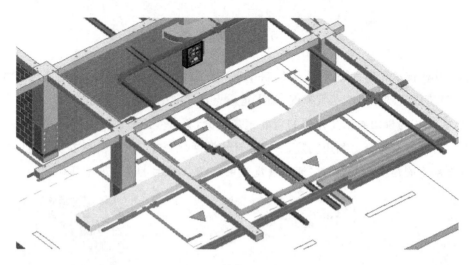

图 7-7　管综深化设计

图 7-8　场地布置模型

7.3.6　施工方案模拟与可视化交底

佛山粤剧院超大悬挑箱型钢结构悬挑部位长约 70 m,最大悬挑突出超过 9 m,施工难度较大,而且悬挑钢结构外轮廓为曲线造型,精准定位难度大。通过钢结构模型模拟安装过程(图 7-9),制定合理的安装方案,保证安装精度和安装过程的安全性。

7.3.7　剧院特色装修方案可视化

佛山粤剧院采用佛山地域特色元素的装修材料,营造传统粤剧文化氛围,比如吊挂陶砖幕墙、PTFE 膜-玻璃双层幕墙等。通过 BIM 模型结合 CG 渲染等技术逼真呈现剧院装修效果(图 7-10),有助于验证项目的装修设计方案。剧院特色装修方案模拟是指项目前置精装

图 7-9　钢结构吊装模拟

深化工作,对精装修的特殊材料、面砖、家具以及饰品等位置进行布置,对比装修图,寻找不合理部位,并给出利于施工的建议进行修改。利用 Revit 进行主体结构模型建立,并将模型导入国产渲染软件 D5,对公共场所装修风格及粤剧茶楼装修方案进行精心制定,通过漫游方式提前了解装饰方案布置,出具方案效果图以更直观的表达形式来推进业主定样定板,确定装饰方案,加快施工进度。

图 7-10　设计方案可视化

7.3.8　参数化方案模拟

陶砖幕墙独特的方案设计很难用二维图纸表达,因此通过 BIM 直观逼真的三维模型(图 7-11),结合可视化、参数化编程调整不同方案的效果,呈现设计理念,模拟吊挂陶砖幕墙

为室内带来的独特的光影效果,从而验证方案的美学效果,为设计等提供可靠的依据。(图 7-11)

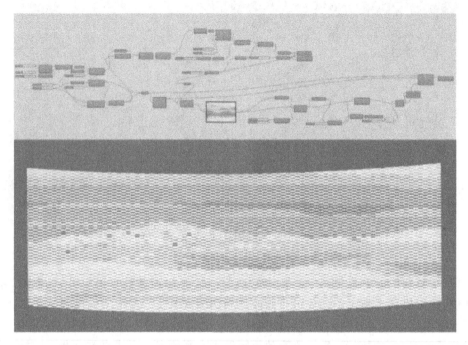

图 7-11　幕墙参数化设计

7.3.9　项目管理平台

BIM 项目管理平台是一种基于 BIM 技术的智慧工地管理理念,它能够实现模型与现场实景、项目概况、管理动态、进度、安全及产值等管理要素的集成,协助现场管理(图 7-12)。按照平台的功能和标准执行,并及时汇报进展和成果。本项目的 BIM 项目管理平台主要包括以下方面。

PC 端:可完成导入模型、录入信息数据、进行合约管理、计划安排和资源分配等任务,可查看项目的各项指标和报表。PC 端是 BIM 项目管理平台的核心部分,它能够提供全面的项目信息和数据,支持项目的决策和控制。

移动端:可对现场施工过程中的生产进度、现场质量、施工安全、构件跟踪等进行实时监控和反馈,将提出问题、解决方案及整改反馈等事项落实到个人,提高现场管理效率和质量。移动端是 BIM 项目管理平台的延伸部分,它能够提供便捷的现场信息和数据,支持现场的执行和监督。

无人机:可利用无人机航拍技术,定期拍摄现场的总体施工进度、各个施工段、各专业施工进度及文明施工情况,与 BIM 模型进行对比和调整,辅助项目进行总平面布置和工作面协调,加强对劳动力的调控,方便项目部实时掌控和调整施工部署。无人机是 BIM 项目管理平台的创新部分,它能够提供高效的现场视角和数据,支持现场的优化和协调。

二维码:可利用二维码技术对材料、设备、构件等进行跟踪管理,将生成的二维码贴在现场构件表面,方便项目人员快速掌握现场施工信息和保存现场资料。二维码可用于机电管

(a) 大悬挑钢结构施工实时监控

(b) 现场照片1

(c) 现场照片2

(d) 现场照片3

图 7-12　项目监控

线、重要设备等管理,结合管理平台、移动端等实时检查设备、管线等消耗、安装进度,协助物料计划编制、现场堆放布置等。二维码是 BIM 项目管理平台的辅助部分,它能够提供精确的现场对象和数据,支持现场的跟踪和管理。

　　BIM 项目管理平台为本项目带来以下优势(图 7-13)。

　　①安全方面:通过 BIM5D 云平台结合移动端,开展施工过程中的现场质量、施工安全管理,将问题提出、解决方案及整改反馈等事项落实到个人,提高安全意识和水平,降低安全风险。安全管理是 BIM 项目管理平台的重要优势之一,它能够保障项目的顺利进行和人员的生命财产安全。

　　②人员设备方面:施工过程涉及人、机、料、法、环等要素的实时、动态采集,可有效支持现场作业人员及项目管理者提高施工质量、安全、进度管理水平,通过更准确的数据采集、更智能的数据挖掘和分析,推动项目智能建造落地。人员设备管理是 BIM 项目管理平台的重要优势之一,它能够提升项目的效率和质量,并促进项目团队的协作和创新。

　　③资源管理方面:通过信息完整的模型,提取各阶段材料用量,结合进度计划合理安排材料进场;利用二维码技术对材料、设备等进行跟踪管理,运输至现场安装等,全程精细管理、提高材料利用率、减少浪费。资源管理是 BIM 项目管理平台的重要优势之一,它能够节约项目的成本和资源,并保障项目的供应链和物流。

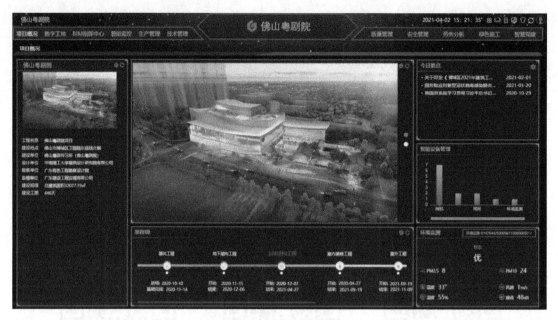

图 7-13　项目管理平台

7.4　应用特色

7.4.1　VR 电子沙盘

VR 电子沙盘(图 7-14),作为广东建工集团完成《中华人民共和国经济和社会发展第十四个五年规划和 2035 年远景目标纲要》加快 CIM 平台建设及完善的重要产品,由广东建科创新技术研究院有限公司、广东省建筑科学研究院集团股份有限公司合力研究,通过 CIM、三维动画、VR 虚拟现实等创新互动技术,给用户一站式全面、立体的展示方式,营造专业非凡的体验环境。

基于 BIM 的项目电子沙盘已应用于广州国际文化中心项目,广东省土木建筑学会经鉴定认为该成果达到国内领先水平。佛山粤剧院项目电子沙盘基于文化中心沙盘和自身项目特点二次改进开发,采用信息化技术管理,获得业主一致好评。

电子沙盘需要同时实现电脑端和移动端流畅运行,因此做了以下优化。

①模型加载优化:合并特定种类资产的模型,将多个小模型合并成大模型,提升运行效率。

②多灯场景优化:优化灯光采样,对离镜头较远的灯光进行组合计算,优化处理。

③材质纹理优化:使用纹理流送(texture streaming)技术,动态加载纹理贴图,减少显存与内存暂用。

④GI 算法优化:使用了混合计算的策略以及屏幕空间降噪(SSD)技术,结合使用了光线追踪和基于光照探针的 GI,提升流畅度和真实度(图 7-15)。

图 7-14　VR 电子沙盘主页面

图 7-15　粤剧茶楼观演漫游

　　平台可以自动识别、转换和更新市面上大多数 BIM 格式文件并准确获取其中的 BIM 信息，用户可以选中构件查看，关键指标通过直观的图表形式呈现，概况面板可反映项目 BIM 信息，可供后期施工指导、运营维护使用（图 7-16）。

　　进入 VR 模式后，就会看到一个交互式 VR 菜单，它可由两个虚拟手柄控制。左手柄负责显示菜单，包括天气和时间滑块、材质和媒体列表，以及语言、视口质量等设置。右手柄负责控制滑块、选中对象和移动玩家。平台的 VR 模式能让用户在沉浸式 VR 环境中体验佛山粤剧院项目电子沙盘的真实效果，可以改变一天之中的时段，可以在晴天、雨天甚至雪天

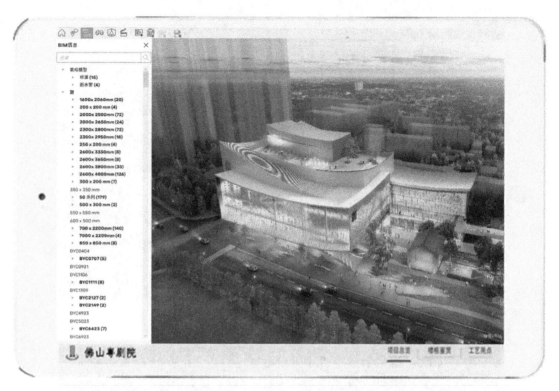

图 7-16　BIM 模型信息查看

欣赏建筑项目的美景。

在佛山粤剧院项目电子沙盘中进行施工工艺视频展示,将项目重点节点工艺以视频形式表达,项目交底简明清晰,传达准确,实现样板引路的效果。工作人员随时随地可通过移动端进入平台工艺亮点界面。平台呈现项目成果资料,支持分层展现该阶段的主要工艺或希望展示的成果。

佛山粤剧院项目电子沙盘可在电脑、平板、手机等终端设备使用,施工方随时随地可查看建筑项目信息,有效提升施工质量和安全管理水平,推进 BIM 技术落地,实现 BIM 工程与现实工程融合,提高工程建设效率,有效缩短建设工期。

7.4.2　古建筑数字化保护

佛山粤剧院旁边的经堂古寺有 600 多年历史,是佛山市重点文物保护单位。因为建筑物本身年代久远,已经找不到设计图纸,翻模工作没办法展开,加上古建的屋顶、檐口构造比较复杂,不像现代建筑容易测量尺寸。以下利用 BIM 技术进行创新保护方案设计。

①运用三维激光扫描技术采集复杂古寺构件的基础信息和空间信息,有效地过滤干扰数据,为古寺模型复原提供数据基础。这一做法能够克服传统测量方法的局限性,提高数据的准确性和完整性,为后续的模型建立和应用奠定坚实的基础。

②借助 BIM 技术并结合三维激光扫描采集的实体数据,实现三维实体模型的高原真性复刻,获得完备的、精准的构件级信息。这一创新点能够利用 BIM 技术的优势,将古寺的形态、结构、材质、属性等信息在模型中全面表达,实现古寺的数字化再现和信息化管理。

③利用三维激光扫描和 BIM 获得的古寺精准模型,为有关保护单位提供依据,并用模型指导古寺的修复工作。这一创新点能够利用模型的可视化和可交互性,为古寺的保护和修复提供科学和专业的参考,同时也能够监督和评估修复效果,保证修复质量。

④修复过程中可同步更新 BIM 模型,进一步用于古寺的后期运营维护,尤其是为运营平台和城市管理平台提供建筑数据。这一创新点能够利用 BIM 模型的动态性和扩展性,将古寺的修复过程和结果反映在模型中,为古寺的后期运营维护提供数据支持,同时也能够为运营平台和城市管理平台提供有价值的建筑数据,促进古寺与社会的互动和融合。

⑤利用三维激光扫描技术等措施采集古寺的几何数据信息和空间位置信息,结合古建筑的通则和权衡,建立基于 Revit 族的构件族库。采用三维激光扫描技术等,能够有效地获取古寺的准确和完整的数据信息,为模型建立提供可靠的基础。结合古建筑的通则和权衡,能够合理地处理古寺复杂和多样的构件,为模型建立提供科学的方法。建立基于 Revit 族的构件族库,能够实现古寺构件的参数化、标准化和可复用性,为模型建立提供高效的工具。古寺 BIM 模型可实现古寺多维信息的有效记录和永久留存,为古建筑全生命周期保护和管理提供新的思路(图 7-17)。

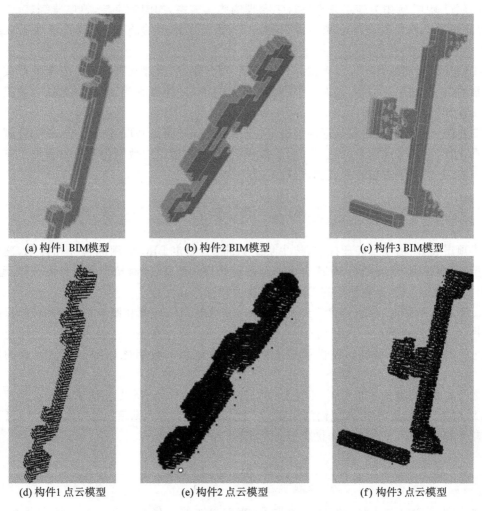

(a) 构件1 BIM模型　　　(b) 构件2 BIM模型　　　(c) 构件3 BIM模型

(d) 构件1 点云模型　　　(e) 构件2 点云模型　　　(f) 构件3 点云模型

图 7-17　古建筑异型构件扫描与三维建模

7.5　项目总结及规划

7.5.1　总　　结

佛山粤剧院项目从设计、施工到古建筑维护,都展现了 BIM 技术的多种优势。具体体现在以下几个方面。

①建立了全专业的高精度可视化模型,包括土建、机电、装修等专业,为不同的应用需求提供了依据,并制定了应用级别的模型标准,如模型精度、属性信息、构件分类等,提高了应用的效率。

②通过 BIM 应用对建筑设计方案进行了深入的分析和优化,如可视化漫游项目、空间分析、日照辐射分析等,实现了方案的预期最大化,保证了如建筑风格、空间布局、节能效果等符合规范要求。

③通过 BIM 应用为施工方提供科学合理的施工方案,如图纸审核、机电管综、施工模拟等,提前规避了不合理设计带来的错误和返工,保证了施工的质量,并节省了施工成本和时间。

④信息化管理平台实现了模型与现场实景、项目概况、管理动态、进度、安全及产值等管理要素的集成,利用移动端、无人机等,辅助施工方随时随地查看建筑项目信息,有效提升了施工质量和安全管理水平。

⑤在缺乏古建筑资料和数据的前提下,三维激光扫描帮助获取建筑数据,并综合利用多种数据化技术,如三维重建、数字沙盘、虚拟现实等,为古建筑的数字化和保护提供了有效的解决方案,并提升了古建筑的文化价值和传承意义。

7.5.2　改 进 方 向

①顶层设计:由项目经理推进、技术负责人带头,制定 BIM 应用的目标和计划,确保能建模型、能用模型,推动项目 BIM 应用的全过程管理和监督,同时培训和指导商务、工程、质量、安全等相关人员,提高他们的 BIM 应用能力和意识。

②新旧建筑协调:在新建建筑建设过程中,注重与当地环境和既有建筑的协调,保持建筑风格和文化特色的统一。利用 BIM、三维扫描、AI、云计算等先进技术,充分还原建筑现状数据,为区域、城市级规划提供可靠依据,并为古建筑的数字化和保护提供有效的解决方案。

③技术提升:加强不同专业、不同岗位间的交流和协作,BIM 专业团队深入实际项目进行 BIM 应用实践,拓展 BIM 应用的深度与广度,提高 BIM 人才水平。同时,关注 BIM 技术的最新发展和趋势,不断更新和优化 BIM 应用的方法和工具。

7.5.3　未 来 规 划

未来利用 BIM 技术结合其他相关技术,实现建造信息化的全面提升。具体来说,希望通过以下几个方面的努力,达到规划目标。

①提高产品品质:利用 BIM 集成的进度、预算、资源、施工组织等关键信息,进行质量控制、成本控制、进度管控、施工模拟、冲突检测等,提供准确的资源消耗、技术要求等核心数据,提高产品品质,控制项目能耗,节约成本。

②实现设计与施工一体化:利用 BIM 支持设计与施工的协同和交流,减少建筑工程错缺漏碰现象,从而减少建筑全生命期中的浪费,带来经济和社会效益。

③优化运维管理:利用 BIM 保存和传递设计、施工等建造阶段的数据资料,为运维阶段提供完整和准确的信息,例如在施工过程中的变更设计,资料有序得到整理和更新,避免给运维带来阻碍。BIM 为建筑运维阶段提供了技术支持,大大提高了管理效率,确保建筑设计的各项绿色技术能在建筑生命周期内实施。

第8章 BIM技术助力仲恺群益智能制造产业项目高效智慧建造

8.1 项目概况

8.1.1 工程简介

仲恺群益智能制造产业项目一期A区位于惠州仲恺潼湖生态智慧区的群益产业园,项目用地红线面积约8.04万 m²,总建筑面积约31.2万 m²,地下面积约2.6万 m²,地上面积约28.6万 m²(图8-1)。

图8-1 项目整体效果图

主要建设内容包括A-1栋厂房(2栋)、A-2栋厂房(2栋)、A-3栋厂房(3栋)、A-4栋厂房(2栋),共4栋单体和一层地下室,包括厂房、地下机动车停车库、设备用房及其他配套用房等。该项目建成后主要用于高端电子信息产品的制造。

项目采用剪力墙结构(塔楼)及框架结构(多层),结构形式为钢筋混凝土剪力墙,基础形式拟采用桩基础,以风化岩作桩端持力层。施工工期为 2021 年 6 月 30 日至 2022 年 7 月 1 日。

8.1.2　项目难点分析

(1) 施工工期紧张

该项目工程量大、影响因素多,施工工期仅 1 年。在编制合理、可行的施工总体进度计划的基础上,调配充足的资源,科学合理地安排施工,采取强有力的组织管理方法等,确保合同工期,是本工程项目管理的重点。

(2) 专业工程交叉多

在实施过程中,室内外空间管线布局复杂,系统繁多(包含通风空调、给排水、供电等系统),专业接口关系复杂,预留预埋多,设备安装精度要求高。

(3) 安全生产管理难度大

本工程施工场区内较多的大型机械设备是主要危险源。大型设备需要交叉作业,给现场安全生产管理工作增加了难度,同时也提出了更高的要求。因此安全生产管理也是本工程项目管理的重点。

(4) 总包管理难度大

工程规模大、单体建筑多,现场大规模、多单位、多专业、多工种交叉施工作业,施工过程难以把控,突发事件较多,人员、物资、机械设备调控频繁,施工生产实现动态管控难度大。

8.1.3　BIM 应用目标

(1) 实现降本增效

结合前期讨论分析的结果,以切实可行为基本原则,在选定的技术路线上进行应用实施,实现降本增效。

(2) 探索管理新模式

通过 BIM 技术实施,总结梳理项目 BIM 实施经验,探索 BIM 应用数字化管理新模式。

(3) 形成示范工程

通过 BIM 技术实施,建立企业族库,实现项目创新应用,形成公司 BIM 技术实施样板工程,推进项目争优创优。

(4) 培养新型人才。

通过 BIM 技术实施,培养岗位能手,挖掘项目课题研究,总结经验,撰写论文著作。

8.2　项目策划

BIM 技术团队以项目部为主导,广东建科创新研究院有限责任公司作为技术支持单位参与。其组织架构涵盖项目部所有部门,团队配备土建技术组、机电技术组等支持项目 BIM 工作实施,确保 BIM 技术与现场实际施工挂钩。项目 BIM 组织架构如图 8-2 所示。

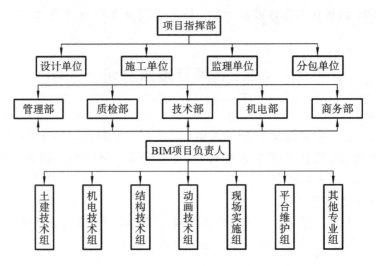

图 8-2　项目 BIM 组织架构

8.3　项 目 实 施

8.3.1　模 型 建 立

施工阶段依据施工图建立符合施工各阶段模型精细度要求且具有可实施性的施工 BIM 模型,构建的施工 BIM 模型包括建筑模型、结构模型、机电模型等。同时,在施工过程中根据施工现场情况实时更新 BIM 模型,形成各阶段与实体工程一致的施工模型,直至竣工,并提交竣工 BIM 模型(图 8-3)。

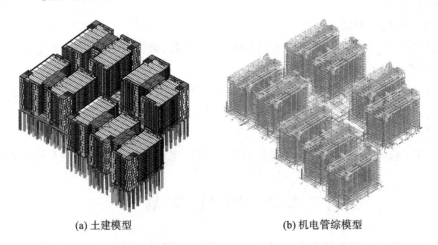

(a) 土建模型　　　　　　　　　　　　　　(b) 机电管综模型

图 8-3　项目整体 BIM 模型

8.3.2　企业族库

项目将 BIM 模型创建过程中所建立的各类族文件进行收集和检查,对质量合格的标准族进行分类整理后纳入云族库,并在云平台上进行资源共享,为 BIM 技术在公司的标准化奠定基础(图 8-4)。

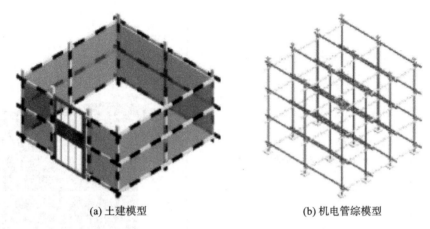

(a) 土建模型　　　　　　　　　　(b) 机电管综模型

图 8-4　BIM 族构件

8.3.3　错漏碰缺核查

通过建立各专业 BIM 模型对设计图纸进行错漏碰缺检查(图 8-5),提出设计图纸存在的问题,以及相应的合理化建议,审查图纸的缺漏项、深度要求、规范要求等,汇编成校审成果报告,由设计单位进行图纸完善变更,BIM 负责复核跟踪直至问题闭环,提前解决施工过程中的各类问题。

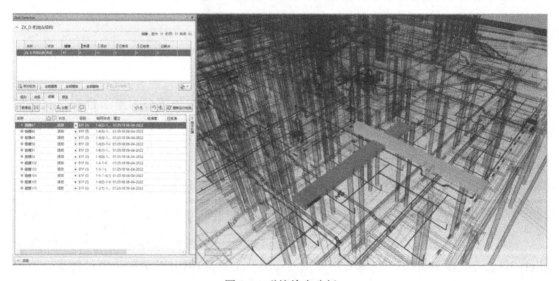

图 8-5　碰撞检查分析

前期模型创建完成后,综合审查施工图纸问题:土建部分共提出 206 处图纸问题,机电部分共提出 144 处图纸问题,累计提交图纸审查报告 23 份(图 8-6)。

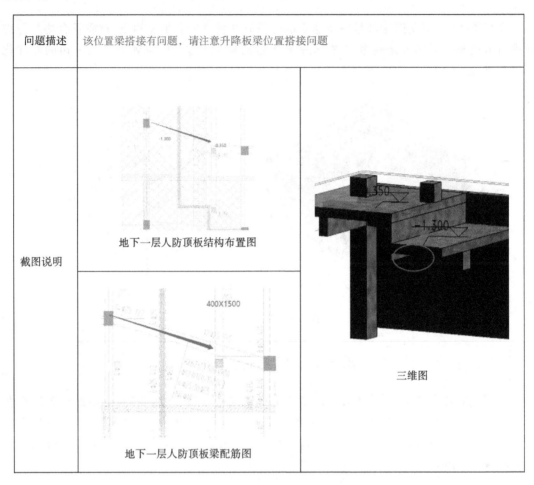

问题描述	该位置梁搭接有问题,请注意升降板梁位置搭接问题	
截图说明	地下一层人防顶板结构布置图 地下一层人防顶板梁配筋图	三维图

图 8-6 图纸审查报告

8.3.4 场地布置

项目采用 BIM 三维模型对场地进行布置(图 8-7)。从整体规划到施工过程中调整场地,合理规划项目的场地平面布置。规范现场,做到文明施工。场内设置环形道路,满足材料运输及消防要求。内部合理设置加工区、样品展示区、材料区,采用标准防护进行区域封闭。

8.3.5 土方开挖计算

本项目整体地势西南低、东北高,起伏较大,地貌条件复杂,且园区用地面积大,利用 Civil 3D 进行挖填平衡计算,计算每层开挖的深度及土方量,同时对基坑开挖过程进行模拟分析(图 8-8、图 8-9)。

(a) 施工现场

(b) 场地布置BIM模型

图 8-7　BIM 场地布置

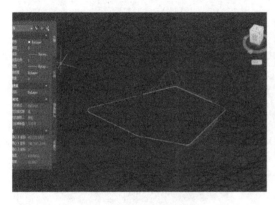

图 8-8　土方开挖量计算

图 8-9　基坑开挖模拟

8.3.6　样板引路

本项目使用 BIM 技术进行虚拟样板引路的设计和搭建(图 8-10),管理人员对一线施工人员的技术交底以及岗前培训更加清楚,保证了后续施工的精确性,同时也为现场质量验收、质量检查提供统一的判断标准,有利于消除建筑通病,整体提高施工质量。

8.3.7　机电深化设计

(1) 机电管线深化

通过对各专业 BIM 模型进行整合,依据管线安装规范、管线布置主要原则和净高控制要求进行管线优化调整(图 8-11),提前解决了问题,也提高了项目的品质:管线优化前,管线存在众多交叉碰撞,路径曲折、不清晰,总体空间不雅观,不满足净高要求,施工现场调整难度大;管线优化后,管线交叉碰撞问题解决,路径清晰明了,总体空间布局合理,满足净高要求。

(2) 机电方案比选

通过机电管线深化设计,在特殊区域形成多种管线排布方案,通过定期管理制度,对深

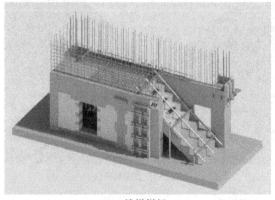

(a) 楼梯样板

(b) 后浇带样板

(c) 主体结构样板

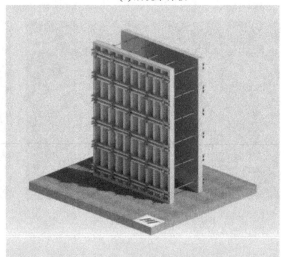

(d) 剪力墙样板

图 8-10　BIM 样板模型

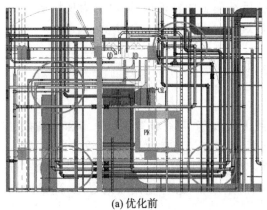

(a) 优化前

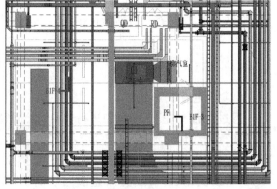

(b) 优化后

图 8-11　BIM 管线优化

化设计方案的优缺点进行直观比较并分析讨论,在满足工艺要求和降低施工造价中寻找平衡点,确定最优方案,节约成本,提高施工效率(图 8-12)。

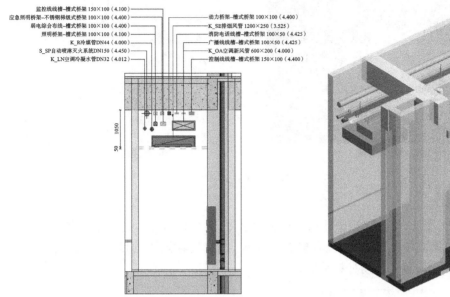
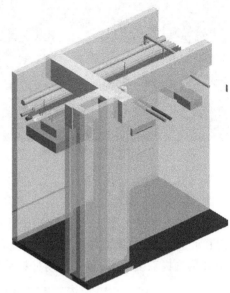

(a) 走道管线深化方案一

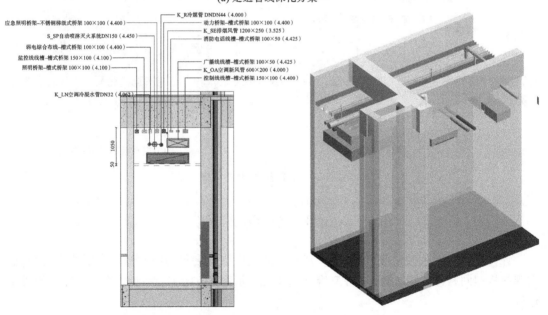

(b) 走道管线深化方案二

图 8-12　管线深化方案比选

(3) 净高分析

根据 BIM 管线综合结果以及设计单位提供的净高要求对各区域进行查看、分析,通过净高分析,提前发现不满足净高要求的部位(图 8-13),同设计单位沟通后进行相应调整,减少后期返工。

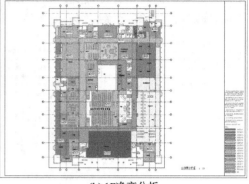

(a) 车库区域净高分析　　　　　　　　　　(b) 1F净高分析

图 8-13　净高分析复核

（4）预留预埋分析

基于机电深化设计,对一次预留孔洞进行标注出图(图 8-14),并通过文件会签方式对预留孔洞进行确认,保证各专业管线、设备能合理安装,减少后期返工的可能性;通过各专业 BIM 模型提取实物量,辅助现场材料采购。

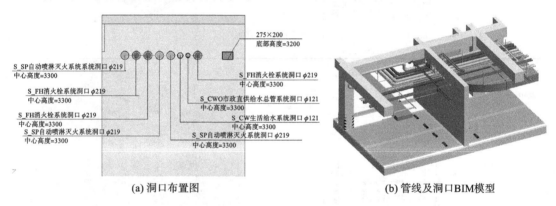

(a) 洞口布置图　　　　　　　　　　(b) 管线及洞口BIM模型

图 8-14　预留预埋 BIM 深化

8.3.8　节点深化

针对本项目复杂的钢筋节点(图 8-15),比如主次梁交会处,建立 BIM 模型并进行深化,实现规格相同构件样板化,并进行三维技术交底,辅助现场施工,保证现场施工作业的可操作性。

8.3.9　砌体排砖

基于 BIM 模型对砌体进行排布(图 8-16),根据现场用料规格,提前优化砖的类型及尺寸,统一排版,提高砌筑的观感质量,减少浪费;同时,按照深化砌体图辅助材料计划,精准控制用量,减少楼层间的材料周转。砌体用量见表 8-1。

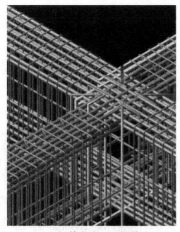

(a) 钢筋节点BIM深化

(b) 现场施工

图 8-15　节点深化

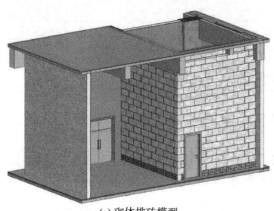

(a) 砌体排砖模型

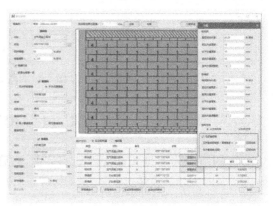

(b) 排砖调整

图 8-16　砌体排布 BIM 建模

表 8-1　砌体用量

数　别	名　称	编　号	规　格
砌块	蒸压加气混凝土砌块	600 mm×200 mm×300 mm	144
砌块	蒸压加气混凝土砌块	400 mm×200 mm×300 mm	9
砌块	蒸压加气混凝土砌块	185 mm×200 mm×300 mm	9
导墙砖	蒸压灰砂砖	100 mm×200 mm×50 mm	92
导墙砖	蒸压灰砂砖	140 mm×100 mm×50 mm	6
导墙砖	蒸压灰砂砖	95 mm×100 mm×50 mm	6
塞缝砖	烧结空心砖	200 mm×100 mm×50 mm	100

8.3.10　施工方案模拟

依据高支模架体专项施工方案建立 BIM 模型(图 8-17),以模型、动画的方式辅助专家论证会审工作,现场多专业工程师共同浏览,对方案提出合理建议,最后形成会审确认单,提高会审效率。

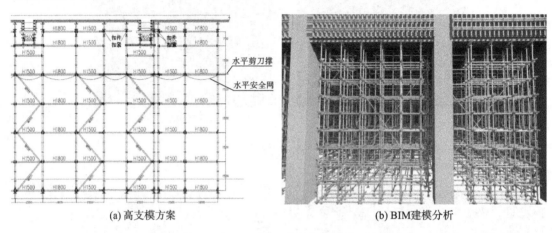

(a) 高支模方案　　　　　　　　　　　　(b) BIM建模分析

图 8-17　高支模方案模拟

8.3.11　BIM 进度模拟

将 BIM 模型与施工进度计划相结合,对施工关键节点进行虚拟建造,直观对比,辅助管理人员及时找出进度偏差,查找原因,并进行施工部署,实现对项目进度动态管控(图 8-18)。

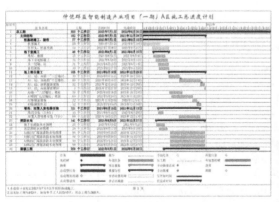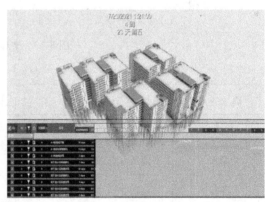

(a) 进度计划　　　　　　　　　　　　(b) BIM进度模拟

图 8-18　BIM 进度计划及模拟

8.4　项目总结及规划

8.4.1　工期经济效益

①利用 BIM 技术深化设计,通过结构虚拟建造、碰撞检查、机电深化等,累计提出优化建议 300 多条,提高图纸质量,减少施工变更;优化施工方案,指导施工,避免拆改返工,提高工程质量。

②利用 BIM 提前模拟及分析,协调调整各专业交叉,生成准确的资源计划,劳务峰值人数较常规项目减少 8.5%;缩短项目施工工期 72 天,确保履约。

③基于 BIM 模型进行算量,加强成本管控,把控工程造价,降低施工成本。

8.4.2　社　会　效　益

(1) 质量保障

本工程施工技术难度大、工期紧、质量要求高。在施工过程中应用 BIM 技术,对施工进度和质量提供强有力的保障。

(2) 绿色低碳

项目的施工管理满足了低碳、节能、环保的绿色施工要求,对建筑"双碳"发展做出贡献。

(3) 推动行业发展

公司对项目 BIM 应用与智慧工地的探索经验,基本形成了完善的解决方案,为同行业其他公司项目 BIM 应用和智慧工地管理提供了一定的借鉴价值。

第9章 广东省中医院南沙医院项目施工 BIM 技术综合应用

9.1 项目概况

9.1.1 项目介绍

广东省中医院南沙医院旨在传承南粤杏林第一家的精髓,建设高水平的医疗服务和医学科技创新平台,成为与粤港澳大湾区建设与发展相配套、辐射粤港澳大湾区乃至全球的高水平三级甲等中医特色综合医院。

项目地处广州市南沙区灵新大道以西,万顷沙变电站以北。本项目包含 6 幢塔楼,2 层地下室,包括科研楼、行政宿舍楼、国际医疗楼、住院楼、医技楼、门(急)诊楼,建设 1200 个床位,是集医、教、研为一体的大型综合性医院,如图 9-1 所示。总建筑面积 378413 m^2,地下室深度 11.6 m,最大建筑高度为 86.5 m,其中医疗业务用房 184414 m^2,科研用房 21224 m^2,教学用房 15000 m^2,宿舍用房 34975 m^2,地下用房 128140 m^2。

图 9-1 项目效果图

9.1.2　项目重难点分析

本项目体量巨大,工期紧张,总面积约 38 万 m²,计划工期为 1080 天。项目涉及的参建方多,不同专业交叉施工,组织复杂,需要进行精细化管理;核医学区域核防护及防核泄漏措施严,大型医疗设备运输周期长,安装要求高;项目的质量安全目标要求高,合同要求必获鲁班奖;涉及医疗专项较多,系统配置复杂,专业要求高,特殊房间精装修协调难度大,装修要求严格。该项目作为广东省重点项目,要求科技成果数量多,科技创新含量高。

通过对项目的重难点进行分析,结合以往项目经验,BIM 技术的应用能提高项目管理效率和按质保期完成的成功率。通过 BIM 技术进行三维建模,实现专项之间的协调,多维度实现与设计的深度融合,结合项目管理平台,提高现场质量安全管理水平,作为创新应用基础。

广东省中医院南沙医院项目施工全过程通过 BIM 技术指导现场施工,在模拟建造的方式下大大减少返工,提高生产效益,为施工质量提供更有力的保障。

9.2　BIM 应用情况

9.2.1　BIM 模型建立

建立施工图阶段 BIM 模型(图 9-2 和图 9-3),与其他专业进行协同设计,形成优化后的详细二维、三维管线综合成果,作为 BIM 团队深化的依据。通过建筑功能分析,为各机电专业基础参照模型提供资料,并提供机电各专业建筑区域、房间净空要求等。

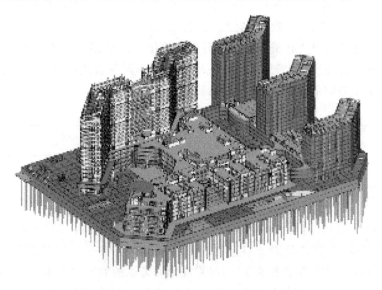

图 9-2　项目土建(含幕墙、装饰)模型

图 9-3　项目机电(含医疗专项)模型

同时,本项目作为大型综合性医院,涵盖大量医疗专项专业,如垃圾被服系统、箱式物流系统、气动物流系统、医疗污废水处理系统、医疗纯水系统等。通过建立医疗专项模型,在满足相关医疗施工规范的情况下,充分考虑医疗专项管线与常规管线的施工异同,合理布置管线空间。

9.2.2　医疗专项管线在大体积混凝土预埋施工

项目核医学区域需要使用大体积混凝土,防止核辐射泄露,穿越超厚墙体的预埋管道施工难度大。

BIM 团队利用三维建模、受力分析、补强钢筋深化、施工模拟视频交底、施工复核等工序,实现从医疗预埋管道设计深化到施工全过程的跟踪。

核医学区域防排烟风管在混凝土浇筑时会被挤压。BIM 团队按核医学区域大体积混凝土预埋管道图纸进行建模,根据预埋管道三维模型及不同的管道壁厚,结合受力分析,得到经济效果及满足受力的最佳壁厚(表 9-1)。

表 9-1　管道壁受力分析

	管道厚度		
	9 mm	10 mm	11 mm
受压变形百分比/%	0.55	0.44	0.36
分析结果	不符合	合格	合格

因大体积混凝土预埋管道重量较大,与常规预埋管道的固定方式不同,故基于三维模型(图 9-4),BIM 团队对管道进行补筋深化及支撑方案深化,避免预埋管道在浇筑时发生位移和变形。结合深化成果,编制专项方案,并制作施工模拟视频,落实施工交底工作。

BIM 团队跟踪现场施工情况,正式施工前在现场再次交底。跟随施工员落实支架加固,

图 9-4　三维模型

确保现场按照专项方案进行施工。在模板拆除后利用三维扫描技术对预埋管道安装进行复核（图 9-5），复核后基本在误差范围内。

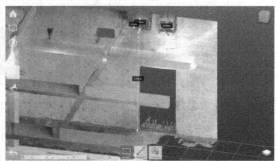

(a) 现场三维扫描作业　　　　　　　　　　(b) 复核管道安装

图 9-5　三维扫描作业和复核管道安装

本施工技术解决了预埋管道安装难点，缩短了施工工期，降低了施工成本，节约了人工费用。该成果总结形成了论文及省级工法（图 9-6），在行业中得到认可。

(a) 期刊论文　　　　　　　　　　　　　(b) 省级工法

图 9-6　获得的成果

9.2.3　三维倾斜摄影、三维扫描技术辅助基坑电塔拆除

在项目场地中部位置,存在一座高压电塔,周边环境复杂,严重影响了项目基坑开挖进度。电塔输送电压过高,在周边进行测量工作容易带来触电危险,故 BIM 团队利用三维倾斜摄影技术,呈现电塔、电塔电缆及周边环境实际情况,作为电塔三维建模及安全范围划定的技术基础(图 9-7)。

图 9-7　三维倾斜摄影模型

利用三维扫描技术,在点云模型中计算电塔高度及位置,复核电塔及电塔电缆拆除影响(图 9-8)。

图 9-8　三维扫描技术

三维倾斜摄影技术与三维扫描技术融合,提高了三维场景模型的质量,采集到更广泛的数据。结合现场施工技术,制定电塔拆除专项施工方案,顺利拆除电塔,将电塔拆除的影响降至最低。

该成果形成省级工法,并在公司多个项目推广应用,满足工期要求,顺利推进下一步的基坑开挖。

9.2.4　装配式制冷机房应用

由于项目工期紧张,BIM 团队决定对制冷机房利用 BIM 技术结合装配式深化,以保证质量及工期。BIM 团队按照机房图纸,进行机房建模(图 9-9)。建模后拟定深化方案,机房深化完成后,出具机房深化图纸。

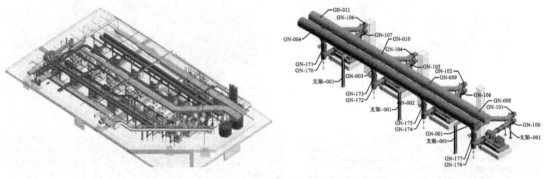

图 9-9　机房建模

BIM 团队按照机房图纸建立冷冻机房三维模型,根据设备摆放位置、管道及管道附件安装空间、检修空间等对制冷机房进行空间优化。管道、设备优化完成后,进行支吊架深化(图 9-10),形成机房深化图及支吊架计算书。

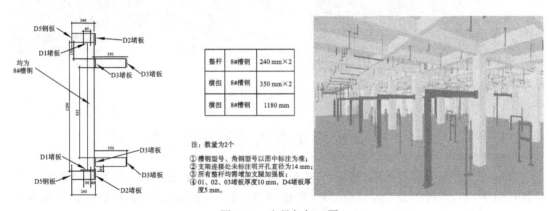

图 9-10　支吊架加工图

三维模型建立后,利用 3D 打印技术印证机房装配式施工方案,管道模组、支架部件等按照装配图等比例缩小打印,对制冷机房进行"预装配"(图 9-11),制作施工模拟动画,使施工前的技术交底工作更加直观。

完成机房装配式深化图后,配合移动式模块化生产线,对管件制作、管道连接、支架制作等进行数字化设计、机械智能化生产(图 9-12)。

图 9-11　模块化泵组

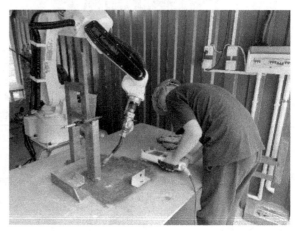

图 9-12　焊接机器人

9.2.5　基于 BIM 的危大工程安全计算软件

以本项目管理为应用基础，基于 BIM 技术，完全自主研发施工组织智能策划系统（GJS 软件）（图 9-13），进行危大工程安全计算、智能方案报告、智能施工组策划，研发的系列施工技术成果提高了施工安全性，优化了工程施工方案，提高施工方案编制的效率，显著降低了工程施工建造成本。

基于已有的 BIM 模型，导入安全计算软件后对各类常规及非常规构件模板进行计算（图 9-14），生成施工技术交底方案，快速绘制施工图，提高安全计算的效率及准确率。

项目现场按照专项方案进行施工，通过专家验收，保证现场施工安全。自主研发的软件得到应用，获得多个计算机软件著作权（图 9-15），并在 2022 年广东省第四届 BIM 应用大赛中获奖。

图 9-13　施工组织智能策划系统界面

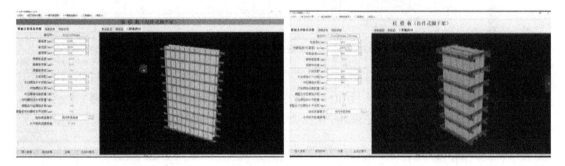

图 9-14　模板计算

图 9-15　软件著作权证书

143

9.2.6　三维地质模型中桩长施工控制及工程计量

现有的勘察资料无法详细描述所有地层的分布情况,且基坑设计图纸仅标出工程桩的入岩要求,而未明确每根工程桩的实际桩长,不能直观地判断入岩深度以及设计桩长。BIM团队建立包含三维地质资料在内的基坑支护结构模型(图 9-16),通过参数化计算对支护桩的桩长进行准确设定(图 9-17)。

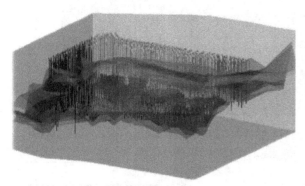

图 9-16　包含三维地质资料在内的基坑支护结构模型

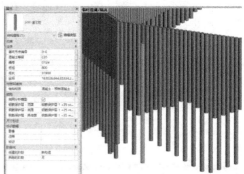

图 9-17　支护桩模型信息

软件自动统计支护结构的工程量,对施工材料进行统计,并生成材料清单(图 9-18),工作人员可以事先了解材料的投入量和计划成本的投入。整个流程操作过程简单,准确率高,人力、物力投入少,降低了工程总造价,也极大地缩短了施工工期。

支护桩明细表									
桩编号	桩型	桩径	顶部高程	底部高程	桩长	坐标点		桩端土层
						x	y	
GZ1	灌注桩	800	−2800	−16870	14070	183128.453	65285.819	粉质黏土
GZ2	灌注桩	800	−2800	−33800	31000	183128.461	65284.619	砂质黏性土
GZ3	灌注桩	800	−2800	−17870	15070	183128.453	65285.819	粉质黏土
GZ4	灌注桩	800	−2800	−36650	33850	183128.437	65287.010	砂质黏性土
GZ5	灌注桩	800	−2800	−18870	16070	183128.438	65288.219	粉质黏土
GZ6	灌注桩	800	−2800	−38650	35850	183128.431	65289.419	砂质黏性土
GZ7	灌注桩	800	−2800	−19370	16570	183128.423	65290.619	粉质黏土
GZ8	灌注桩	800	−2800	−40650	37850	183128.416	65291.819	中风化
GZ9	灌注桩	800	−2800	−20430	17630	183128.408	65293.019	粉质黏土
GZ10	灌注桩	800	−2800	−28200	25400	183128.401	65294.219	中风化
GZ11	灌注桩	800	−2800	−17430	14630	183128.393	65295.419	粉质黏土
GZ12	灌注桩	800	−2800	−27920	25120	183128.386	65296.619	中风化
GZ13	灌注桩	800	−2800	−16430	13630	183128.378	65297.819	粉质黏土
GZ14	灌注桩	800	−2800	−38650	35850	183128.371	65299.019	中风化
GZ15	灌注桩	800	−2800	−16430	13630	183128.363	65300.219	粉质黏土

图 9-18　支护桩工程量信息

配合三维倾斜摄影技术,结合地质资料及周边环境,在点云模型(图 9-19)中定位及计算下,保证工程桩定位准确。

按照模型导出的成果文件,提供给现场桩机操作人员,按照成果文件所列的各项参数要求进行支护桩的施工。同时,施工前根据成果文件反映桩底岩层的不同,选择合适的成桩机械(图 9-20)。

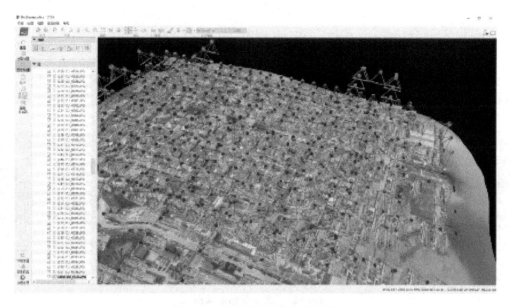

图 9-19 倾斜摄影模型三维重建

图 9-20 冲孔桩施工

该应用总结的科技成果获广东省土木建筑学会科学技术奖三等奖(图 9-21)。

图 9-21 广东省土木建筑学会科学技术奖证书

9.2.7　医疗样板间装修深化

BIM 团队按照院方要求,对特殊房间及典型位置进行建模,将装修设计数据储存于模型中,利用效果图敲定装修方案及风格(图 9-22)。

图 9-22　大堂装修效果图

结合 VR 技术,变更装饰材料、调整光照效果以及实时渲染模型,提供不同的装修方案供院方选择。

根据院方要求不断修正模型,调整墙地面效果及砖缝间距,选择合适的尺寸,大大加快装修设计及看样定板流程,满足患者和家属的需求,同时达到绿色低碳的要求。

在医院的各专业图纸中,多处末端点位发生碰撞,以往装修深化与机电专业往往缺乏协同。为保证装修吊顶质量,按照初定的装修方案,利用 EPC 项目的管理优势,建立专项沟通渠道。BIM 团队直接介入装修天花及二次机电深化(图 9-23),避免一次机电及二次机电的位置出现碰撞,加快装修深化进度。

图 9-23　精装修天花与二次机电协调

9.2.8　医疗专项及常规管线综合应用

BIM 团队针对医疗专项管线特殊性,成立专项小组,避免传统项目二维化实施思路,待初步设计图纸完成后,直接建立三维模型(图 9-24)。专项小组以模型为基础,重点负责管线协调、净空分析、施工交底等工作,打通各方沟通渠道,高效完成管线综合工作。

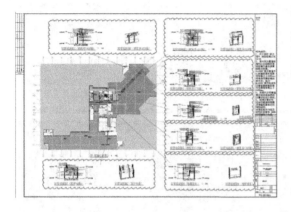
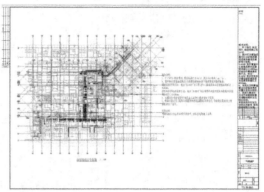

图 9-24 三维节点大样图

BIM 团队若在建模中发现问题,应以问题报告形式将问题发至相关单位,使其知悉,并解决问题,经过净空分析及管线综合平衡后,出具管线综合图、各专业管线图、节点大样图及预留预埋图。通过 BIM 出具深化设计图纸提供给现场班组辅助施工交底,可以更加直观地呈现设计排布意图(图 9-25),更好把控机电安装中的重难点任务。

(a) BIM模型   (b) 施工现场

图 9-25 BIM 模型与施工现场对比

9.2.9 施工进度模拟

通过三维建模,结合视频动画对现场基本情况及施工流程进行施工进度模拟(图 9-26),模拟各里程碑的节点状态,将各工序的施工信息录入自研项目管理平台,监控施工进度,合理进行机械调配,实时跟踪项目进度。

严格按照施工方案的具体内容,制作模拟视频,直观展示各区域的施工阶段、机械使用情况以及剩余工作量等情况(图 9-27)。

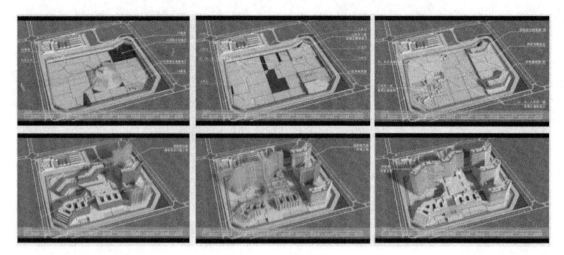

图 9-26　施工进度模拟

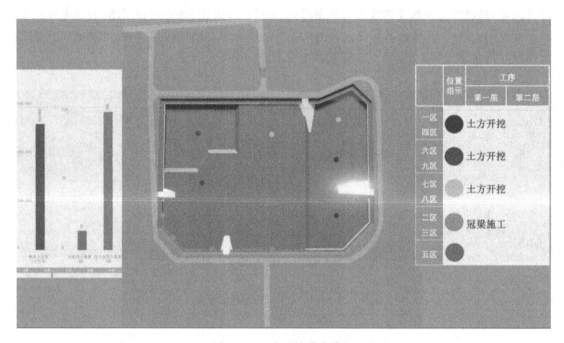

图 9-27　土方开挖进度模拟

9.2.10　施工场地策划

　　利用三维倾斜摄影技术,结合现场进行测量,建立各阶段临时设施布置模型(图 9-28)及各阶段塔吊布置模型,对现场堆场的实际布置及三维场地布置模型进行细化,进行临时设施方案比选。

　　项目施工状态随着施工进度的推进而变化,施工场地布置需要按照施工进度进行调整,以满足现场材料运输堆放、机械进出场路线及安装的要求。结合全息投影技术,展示现场施工场地布置,可直观与现场情况对接,时刻掌握现场施工场地情况。

图 9-28　临时设施布置模型及实景对照

9.2.11　施工技术交底

本项目由于周边环境复杂，施工技术要求高，故利用 BIM 技术进行三维模拟交底（图 9-29），可保证施工交底落实情况，减少现场返工。

图 9-29　三维模拟交底

9.2.12　自研项目管理平台

由于项目涉及的参建方多，不同专业交叉施工，组织复杂，需要进行精细化管理。一个共享的项目管理平台和数据积累平台可形成与项目组织相适应的信息流通系统，使 BIM 的应用符合实际工程项目情况。

按照项目管理流程，团队借鉴已有的项目管理经验，自主开发 EPC 项目管理平台（图 9-30），在成熟的质量管理、进度管理、安全管理、合同管理等常规模块上，应项目流程管理需求，开发了模型管理、设计管理、算量算价管理、验收管理、移动端管理等模块。

多角度、多方向对项目进行管理，实现对整个项目的海量工程数据进行管理，BIM 信息化技术与云技术相结合，有效地将信息在云端进行无缝传递，打通各部门之间的横向联系。借助移动设备设置客户端，实时查看项目所需要的信息，实现动态模型和工程建设参与各方

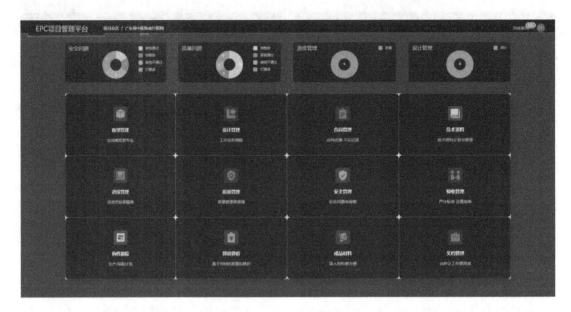

图 9-30　EPC 项目管理平台

的信息数据共享,达到项目参与各方协同作业的目的,各方都能利用平台提高工作效率,降低项目成本,提升项目管理水平。EPC 项目管理平台的质量管理见图 9-31。

(a) 质量问题发起 　　　　　　　　　　　　(b) 质量管理台账

图 9-31　质量管理

9.2.13　CIM 应用

广州市已经正式试运行基于 BIM 的规划、施工图审查系统,促进城市基础设施数字化和城市建设数据汇集。本项目在试点项目范围,按照 CIM 平台要求,形成完整的报告,助力广州市建设 CIM 平台相关工作。CIM 应用策划见图 9-32。

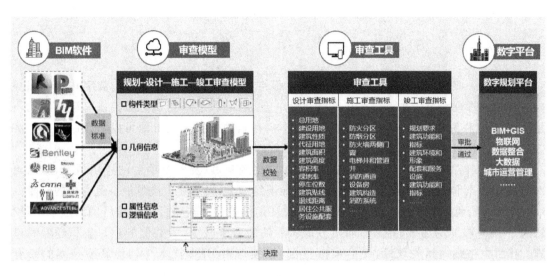

图 9-32 CIM 应用策划

9.3 应 用 效 果

广东省中医院南沙医院项目通过 BIM 技术进行三维建模、施工模拟等,优化施工方案、场地布置,贯穿项目全生命周期,提高各方之间的协作,从而提高效益。自研 EPC 项目管理平台使得整个项目的施工流程更加精细化,项目各方管理有留痕,信息实时精准传输,大大提高各参建单位的沟通效率。BIM 技术结合 VR 技术及全息投影技术,大大提高了业主满意度。

项目通过落实 BIM 技术,共计节约费用约 564 万元,缩短工期 101 天。自研 EPC 项目管理平台完成了多个科技创新目标,为保质保量完成项目提供强有力的支持。

广东省中医院南沙医院项目 BIM 应用获得 2022 年广东省第四届 BIM 应用大赛一等奖(图 9-33)。

图 9-33 获奖证书

9.4 结 论

用科技手段促进建筑产业发展已是大势所趋。大力推动行业智慧化、数字化建设以提高工程建设管理水平势在必行。在基础建设中应用 BIM 技术,可以弥补传统基础建设的不足。BIM 技术在大型综合性医院中的应用,不仅在辅助方案优化方面可以创造巨大的经济效益,缩短工期,降低施工难度,也带来了更高效的管理方式。

根据广东省中医院南沙项目形成的 BIM 应用经验,以及多个项目的应用情况,总结出 BIM 应用方案和应用标准,为日后更好地指导现场施工、提高施工质量提供更有力的保障。

大型综合性医院不仅关注建造阶段,也关注运维阶段。本项目将跟踪后期的运维阶段,致力于 BIM 技术与运维的结合,向院方提供后期的服务跟踪,为类似的项目累积经验和口碑。项目也将跟踪相关政策,结合实际情况,继续探索 BIM 技术与其他新型技术的结合应用。

第10章 广东美术馆、广东非物质文化遗产展示中心、广东文学馆"三馆合一"项目 EPC 模式下的 BIM 应用

10.1 项目概况

广东美术馆、广东非物质文化遗产展示中心、广东文学馆"三馆合一"项目(现已正式命名为大湾区白鹅潭艺术中心)位于广州市荔湾区白鹅潭产业金融服务创新区。项目北邻珠江,占地面积为 7.58 万 m^2,总建筑面积 14.45 万 m^2。其中地上建筑面积 98598 m^2,地下建筑面积 45902 m^2。项目共划分为三个馆,其中:广东美术馆 12 层,高 78 m;广东非物质文化遗产展示中心 6 层,高 32 m;广东文学馆 9 层,高 48 m。

项目作为加快广东省建设文化强省,提升文化软实力的重要阵地,建成后将成为彰显广东特色,辐射粤港澳大湾区,具有国际化水平的重大标志性公共文化博览群体。

10.1.1 项目介绍

本项目由中国工程院院士何镜堂领衔的设计团队负责初步设计,为凸显三馆合一的艺术特质,延续岭南地域性特色,打造世界级滨水艺术空间,构筑具有国际水平的艺术展示中心,项目外形以"文化巨轮、时光拱廊、鹅潭写意、云山艺境"为设计概念,整体建筑体量对富有地域特征的自然山水形态进行抽象写意,通过理性几何化的建筑手法描绘云山珠水(图10-1)。

三个场馆沿江并排布置,结合场地约束条件,建筑体量通过退让、拉伸、旋转、嵌入、连接形成一体化的艺术展示中心。整体建筑在满足临江建筑高度控制线要求的同时,以方形错动,三角搭接勾画轮廓线,以曲线相融,以通体透亮的陶板陶棍幕墙斜向线条将建筑从垂直线为主的城市背景中凸显出来。

整体建筑从远处看是具有雕塑感的文化场馆,腾跃有力的建筑体量犹如文化巨轮,当人们进入滨江文化广场时,则可以体验到建筑曲线轮廓带来的冲击力。

项目建设积极响应住建部印发的关于《"十四五"建筑业发展规划》提出建造方式绿色转型政策,落实《广东省建设文化强省规划纲要(2011—2020)》要求,推进重大标志性文化工程建设。

图 10-1　项目效果图

10.1.2　项目重难点分析

该项目作为广东省推进建设文化强省的重大标志性文化工程,同时也是广东省代建项目管理局 BIM 应用试点工程,对 BIM 应用及信息化水平均提出了较高的要求,具体设计施工管理重难点如下。

①项目设计施工周期短、建设任务重。项目共涉及临江深基坑开挖和防水、大体积混凝土底板浇筑、高大模板施工、钢结构连廊整体提升、双曲面陶板幕墙施工和斜屋面幕墙施工等多项难点。

②项目建设施工涉及专业多,涵盖土建、钢结构、幕墙、机电、消防、智能化、恒温恒湿、精装、超大货梯、泛光、园林等专业,并具有结构复杂、施工技术难度大、施工工序交叉多的特点。这对项目设计和施工过程中的协调和相互配合提出了更高的要求,需要借助 BIM 技术的协同功能,确保各专业全过程的建设进行有效沟通,确保项目设计建设质量。

③本工程为 EPC 场馆类项目,建设过程涉及多个业主、初步设计单位和施工图设计单位、监理单位、咨询单位等,面对多方式需求和设计效果的图纸变动,给项目的图纸审查、BIM 系统管理和模型信息管理带来极大的挑战。

④施工图出图并组织设计 BIM 模型移交后,施工单位如何有效开展施工阶段 BIM 应用,以确保及时解决图纸缺漏和各专业空间优化、图纸深化等问题,确保现场施工一次成型,避免返工造成的成本增加。

10.2　项 目 策 划

项目以确保获得鲁班奖为创优目标,为此 BIM 团队在前期充分考虑大型文化场馆项目的设计难点和施工痛点的基础上,针对 EPC 项目实施过程中的设计-施工协同、现场管理流程开展前期策划。

10.2.1　团队组织架构

本项目的 BIM 应用涵盖建筑、结构、机电、幕墙、钢结构、装饰装修等多个专业,特设置专业 BIM 工作组,配置 BIM 项目负责人,统筹协调 BIM 团队。项目部组建可靠的 BIM 专业管理团队,整合各分包单位的模型,交业主方使用,完成业主方模型的中转与集成;同时协调组织相关分包单位及设备材料供应单位完善 BIM 模型及模型建筑信息,确保最终提交给业主的模型真实准确,并与广东省代建项目管理局竣工验收模型细度一致。

利用 BIM 进行全过程精细化、高质量管理。针对大型场馆设计、施工体量大,专业多,功能与品质标准高的情况,建立 BIM 联合管理小组,以广东省代建项目管理局 BIM 实施标准为指导,统一部署,规范要求,立足数字化信息平台,保证所有阶段性 BIM 数据的统一管理。在各环节,对应建立 BIM 实施规划,采用 BIM 技术协助项目进行全过程精细化管理。

10.2.2　标 准 制 定

项目为 EPC 工程,涵盖设计、施工直至交付的 BIM 全生命周期管理,建模过程中涉及参与各专业建模软件、建模标准不同,新增族库信息编译方式不统一等问题,如不能提充分考虑各专业建模标准及 BIM 协同管理标准,将对项目的全过程 BIM 管理和应用造成阻碍。

项目中标后积极推进全专业 BIM 资源整合,以《广东省代建项目管理局 BIM 实施管理标准》和《广东省代建项目管理局 BIM 实施导则》为基础,项目各参建单位 BIM 管理标准为补充,广州市 CIM 及 BIM 审查相关资料为最终交付标准,充分整合 EPC 联合体多方资源,编制《三馆合一项目 BIM 实施方案》和履约考核办法,提前对 BIM 的管理标准和各单位模型信息标准进行统一,定期汇总 BIM 工作,将应用点分阶段进行组织,成果文件统一上传至项目自研 BIM 管理平台进行备份,确保组织高效实施,无缝融入原有管理体系,尽可能实施"一模到底"的全过程 BIM 工作管理,提高管理品质。

10.2.3　软硬件环境

项目以行业通用的 BIM 软件体系为基础进行模型构件应用(表 10-1),采用自主研发协同平台实现协同工作平台统筹管理(图 10-2),提高最终成果输出效率和质量。

表 10-1　项目 BIM 软件清单

应　　用	BIM 软件名称	主要功能应用
BIM 建模及深化设计软件	Autodesk Revit 2018	土建专业建模及深化
	Autodesk CAD	深化设计施工图出图
	Dynamo For Revit	Revit 中用于参数化建模插件
	Tekla	钢结构专业建模及深化设计
	Midas	钢结构受力计算有限元分析软件
	Rhino	幕墙专业建模及深化设计

续表

应　　　用	BIM 软件名称	主要功能应用
成果输出软件	3D Studio Max	效果图、流程动画输出
	Lumion	效果图、漫游视频输出
	Enscape	效果图、漫游视频输出
	Fuzor 2018	漫游视频输出
	Cura	3D 打印编译软件
	Adobe Ae 2018	视频效果制作
模型整合软件	Autodesk Navisworks	各专业模型整合、碰撞监测及进度模拟分析
BIM 信息管理平台	—	BIM 全过程管理

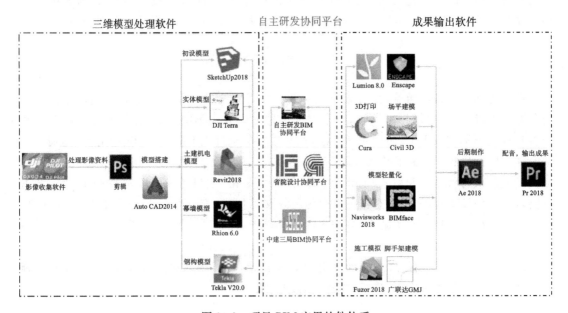

图 10-2　项目 BIM 应用软件体系

10.3　项 目 实 施

10.3.1　BIM 正向协同设计

大型"多合一"异型场馆类项目多数采用传统的逆向设计模式,以"BIM 翻模"为主要特征,即在设计的各个阶段分别先输入二维数据,再转换为三维 BIM 模型,常有反复,导致效率低下,对 BIM 的应用实质上效率很低。对此类项目进行正向设计有明显的优势,正向设计只需要在初步设计阶段建立一次三维模型,利用 BIM 多软件协同的特点,不同的设计人员在集中的三维信息化平台上进行协作,分阶段滚动式完成工程设计,模型不仅可以表达图形,还能传递属性,图纸不过是模型的一种导出格式。但由于 EPC 模式在我国不够成熟,正向设计的推广遇到诸多现实问题,推进缓慢。

由于本项目施工技术难度大,结构复杂,充分考虑 BIM 正向设计对本项目建设实施的巨大价值,EPC 各方积极组织开展基于三馆合一的项目工程实践。

在设计之初,EPC 联合体对 BIM 正向设计分别从项目管理、企业 ISO 执行标准、BIM 技术标准、三维设计方法、BIM 软件应用研发、协同管理平台等方面进行研讨,有针对性地提出部分解决方案或建议,确定了本项目 BIM 应用目标和建模原则,一方面需要进一步实现和提高 BIM 正向设计的协同与工作效率,另一方面将正向设计成果应用于施工阶段,实现设计与施工的融合。为保证各专业间的协同效率,规范各专业的正向设计行为,借助制定的正向设计作业流程与定制的作业模板,保证 BIM 模型的信息实时交互与共享,将制模标准集成至正向设计模板族中,进行统一的构件族库及信息管理。另外,将正向设计模板文件加入正向设计流程管理,有效地保证了专业间的设计高效协同。

在设计过程中,采用基于国产自主核心软件实现 BIM 设计全过程应用,包括模型创建、智能审查、设计信息全过程共享、施工图自动生成等。利用 BIM 模型可优化性、可出图性和信息化性(表 10-2),实现三维模型及图纸同步更新(图 10-3),减少潜在的因工程变更或多方关系协调增加的成本,打破传统的 CAD 制图方法,在设计方面有着显著的效果,有效地提升了设计沟通效率及设计品质,加快了工程项目的建设进度。

表 10-2　BIM 优势

BIM 模型可优化性	当方案存在优化调整时,相关的图纸及三维模型也同步更新
BIM 模型可出图性	能较快生成平面图、立面图、剖面图、大样图所需的图纸
BIM 模型信息化性	BIM 模型是集相关信息化的一个平台,可任意添加信息,包括几何信息、物理信息等

项目应用案例获得 PKPM BIM 应用优秀案例一等奖。根据项目正向设计的开发使用,总结完善了 BIM 正向设计技术标准,为设计和施工单位进行数字化建造提供成套的、可实践的标准细则。通过技术实践＋研发迭代,项目数字化正向设计成果实现了体系化落地,完成软件著作 6 套、著作 2 本、论文 7 篇。

10.3.2　自主研发 BIM 管理平台应用

在项目建设阶段,为满足各参建单位从设计到施工全过程的工作需求,提高跨部门跨单位的协作效率,实现图纸会审、BIM 模型浏览、工程变更等工程设计管理与施工资料同步协同,提供便利的线上协作方式,项目自主研发 BIM 管理平台(图 10-4),采用 EPC 项目管理模式推进 BIM 管理工作。

①组织各参建单位开展全专业线上模型图纸审核,确保借助 BIM 应用以最优方案落实到现场施工,控制成本。

②将各阶段设计施工紧密结合,利用平台自主研发轻量化程序进行优化,输出轻量化模型。在云端协同平台搭建各专业模型中心文件,实现了跨单位、异地、多权限的协同工作,大幅提高设计效率和质量。

③对参建各方的使用需求进行设计,可跨单位实现业主(需求补充)、监理(管理周报、月

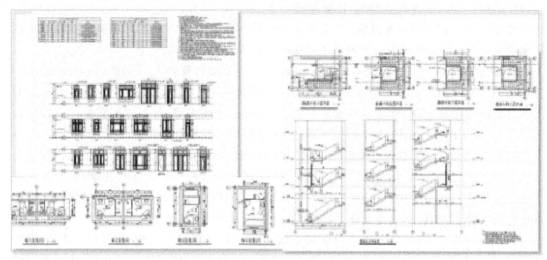

(a)局部楼梯详图

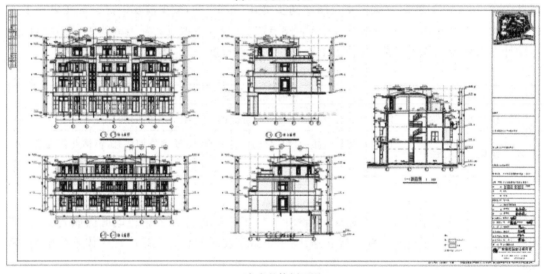

(b)X方向整体剖面图

图 10-3　BIM 设计制图

报)、设计(图纸、模型)、施工(方案、模型深化、建设影像记录)资料同步,做到全过程、全专业、全员 BIM 管理,解决设计中各方面的"信息孤岛问题"。

10.3.3　土建工程关键 BIM 应用

（1）BIM 辅助关键方案模拟

本工程建设对技术方案要求高,编制难度大,为满足现场施工需要,项目利用 BIM 参数化及可视化的优点,辅助施工方案编制选型。将重点大型方案提前参数化建模,多方位、多角度进行方案模拟分析优化,辅助编制人员确定最合理实施方案,从而提高技术方案的编制深度和可实施性。

项目进场前后,采用 BIM 模型关联进度计划数据进行项目施工过程模拟,暴露难点,模

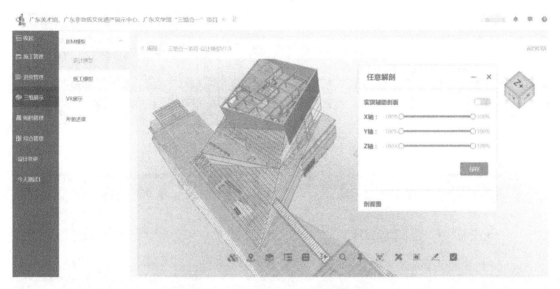

图 10-4　自主研发 BIM 管理平台

拟解决措施,检验进度计划安排中各专业穿插实施的安全性和合理性,为项目实施提供依据,实时监控,动态纠偏,合理规划。解决协调问题 45 项,工期节点提前 5 天。

(2)BIM 辅助危大工程管理

项目引入 BIM 技术对危大工程进行全覆盖模拟。项目结构外立面造型独特,整体建筑外形通过退让、拉伸和扭转等方式共形成 58 个独立外立面脚手架,管理极为困难。项目组织专项会议后决定采用基于 BIM 的模板脚手架布置软件进行方案设计(图 10-5)。将 BIM 建模后的外立面脚手架信息一次性导出,对分段立面进行独立编号和标注,经模拟及安全验算后,对脚手架分段搭设进度及拆除计划进行模拟,借助 BIM 辅助实现方案内容可视化。

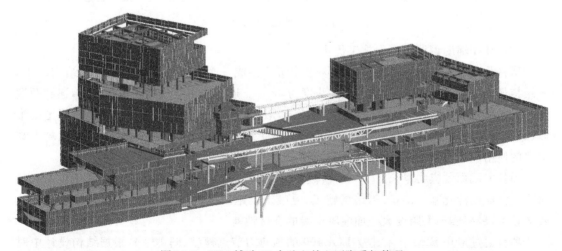

图 10-5　BIM 辅助 58 个独立外立面脚手架管理

采用 BIM 结合精益建造实施策划对项目高大模板脚手架搭设、坡道分析、幕墙、钢结构和机电超大设备吊装进行方案模拟(图 10-6),结合项目建设进度模型对吊运路线进行分析(图 10-7),提前规避现场施工安全技术问题,辅助实现项目施工安全动态管理。

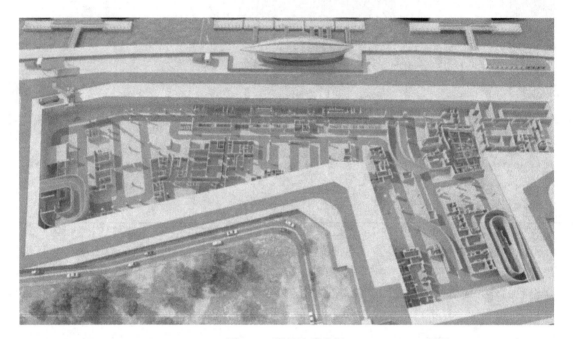

图 10-6　坡道脚手架搭设模拟

图 10-7　吊运路线分析

（3）BIM 辅助钢混预应力施工优化

项目北面通过立体的时光拱廊将场馆建筑连接成一个整体。该连廊采用钢结构施工，钢结构最大跨度达到 168 m，悬空最大跨度为 48 m。连廊采用异型钢柱作为支撑，连廊两端钢柱底部采用跨度为 77.6 m 的混凝土梁拉结，形成一个八字形承重体系。普通混凝土梁难以保证大跨度大截面的抗裂性能，且混凝土梁还受到连廊通过斜钢柱传导的拉力，混凝土结构梁的使用性能难以保证，故采用缓黏结预应力施工技术进行结构优化。

项目大截面预应力梁长 77.6 m，横截面为 12 m×1.3 m。缓黏结预应力施工技术实施过程包括前期深化施工准备、钢结构施工、混凝土梁施工、混凝土预应力钢筋张拉及过程验收复核等，最终实现大跨度大截面混凝土梁的良好性能。

项目通过应用 BIM 技术建立 LOD400 的预应力节点模型（图 10-8），根据结构设计中对预应力钢筋直径及数量的要求进行预应力筋布置深化，避免预应力筋与混凝土梁主筋产生碰撞，并提前规划确定预应力筋施工时所需的普通钢筋及混凝土施工的范围，为后期施工提供工作面。

利用 Tekla 参数化建模分析，建立钢结构模型，模拟黏结预应力梁与钢柱的交接节点

图 10-8 大跨度钢连廊与缓黏结预应力混凝土梁组合结构效果图

(图 10-9),根据预应力布筋节点大样精准定位预应力筋与钢柱接触点位,在工厂进行钢柱构件加工时进行预开孔处理,避免后期现场施工时二次开孔,对构件受力性能造成破坏。

图 10-9 钢结构预应力节点模型

通过 BIM 模型进行预应力筋与混凝土梁钢筋的碰撞分析,优化预应力筋及混凝土梁钢筋的布置,采用梁箍筋作为预应力筋支撑,减少施工工序,采用模型动画结合施工方案模拟预应力施工工序以指导现场交底,有效提高施工效率,节省工期 15 天。

(4)BIM 辅助车位空间优化

项目地下室空间有限,利用 BIM 可视化的优点进行行车路线和停车位规划,提前对坡道净高、停车位布局,对行车路线进行模拟分析,合理模拟地下室行车路线,并解决施工过程遇到的问题,发现碰撞 145 项,优化停车位 23 个。

10.3.4 钢结构工程关键 BIM 应用

本项目钢结构工程异型构件数量多,施工难度大。主体钢结构 8700 t,幕墙钢结构

2300 t,中庭 1500 t 大跨度钢结构连廊整体提升。

根据 SAP2000 软件模拟分析,将南北向大跨度钢梁优化为次桁架,使用 BIM 模拟整体施工部署(图 10-10),结合连廊整体提升技术,实现 1500 t 双层非对称连廊 45 天完成两次地面拼装加整体提升。

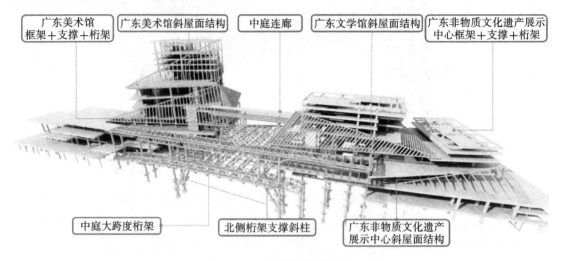

图 10-10　钢结构模型效果

设计阶段项目通过 Revit 结合 Tekla 建立复杂节点钢筋模型,发现 100 余项钢筋接驳器及连接板深化问题,避免现场加焊及开孔,确保结构的精准实施。利用 Midas 对复杂典型节点进行有限元分析(图 10-11),对比多种设计方案,选择出最优节点设计、最佳节点样式、最利现场施工。

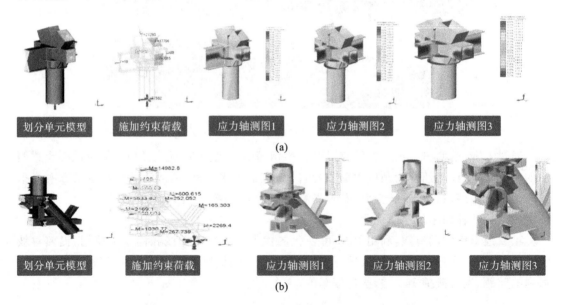

图 10-11　利用 Midas 对复杂典型节点进行有限元分析

施工阶段通过 Tekla 模型自动生成下料清单和构件详图,结合施工部署提交采购计划,对复杂节点进行详细深化设计及构件排版,确保材料精准加工和现场一次安装到位。

广东文学馆和美术馆北侧空中连廊主要为桁架钢梁组合结构,连廊悬空高度 29 m,最大跨度 168 m,提升总重量约 1500 t。项目将 BIM 模型导入有限元软件,对提升和拼装进行验算,确保荷载准确传递至地下室竖向结构,从而避免因原结构楼板承载力不足而破坏。中庭连廊提升前,通过 BIM 进行方案模拟(图 10-12),经科学论证,摒弃原有施工方法,选用超限结构大跨度拱形桁架分层逐次整体提升技术,保障项目双层连廊提升,规避高空作业安全风险,缩短建造周期。

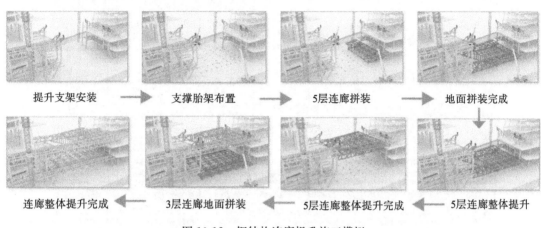

| 提升支架安装 | 支撑胎架布置 | 5层连廊拼装 | 地面拼装完成 |

| 连廊整体提升完成 | 3层连廊地面拼装 | 5层连廊整体提升完成 | 5层连廊整体提升 |

图 10-12　钢结构连廊提升施工模拟

10.3.5　幕墙工程关键 BIM 应用

本项目幕墙工程分为 11 个大系统、22 个子系统,存在大量异型和曲面幕墙系统。本项目为国内首次采用大跨度空间扭转体块叠合形式设计,再由幕墙系统"转扭为直",三个馆之间通过玻璃连廊连接,外形酷似一艘文化巨轮。幕墙系统面积约为 75700 m²,其中实体幕墙系统面积约 29300 m²,主要采用白色釉面陶板和陶棍百叶幕墙,搭配浅色铝合金百叶幕墙,在滨江水泮以温润而带有微小的折射,形成波光粼粼的表皮质感。

(1)基于 BIM 的形体分析和曲面优化

项目以 BIM 模型为基础,根据初步设计图纸的模型和 EPC 联合体设计院的深化建筑图纸(图 10-13),通过各方讨论和研究,根据幕墙系统退让、拉伸关系,最终确定初始表皮模型,确认幕墙系统分类和立面效果。

根据幕墙施工图纸及设计模型建立深化幕墙模型(图 10-14),组织各专业合模,使模型满足施工要求。BIM 团队在此阶段通过与设计单位的沟通深入了解建筑造型意图,依照现有图纸等输入资料,构建深化模型,加深对各系统及系统间层级逻辑、空间交接关系等关键点的认识。

基于重构的建筑表皮,明确特殊造型中影响方案实施的一系列关键参数,并通过幕墙模型参数化建模,利用插件从模型中输出相关参数。根据分析所得数值,可以在方案初期考虑方案的可实施性。例如本项目的双曲面陶板系统,通过 BIM 手段进行形体分析,获得相应的数据后,再针对性地优化曲面和系统。

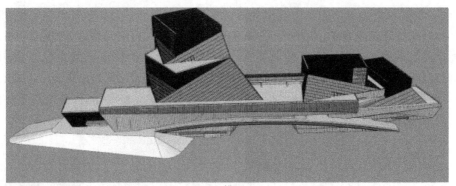

(a) 模型

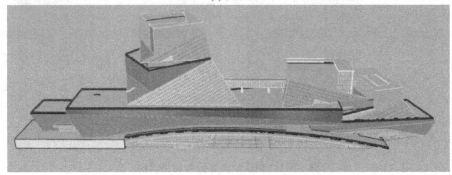

(b) 初步设计表皮

图 10-13　幕墙 BIM 初步设计

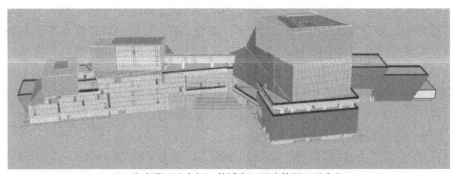

(a) 表皮模型（含门、救援窗、百叶等洞口示意）

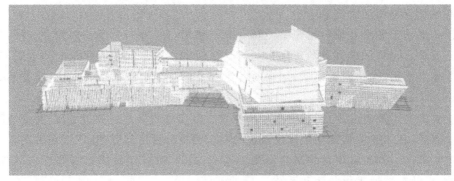

(b) 龙骨模型

图 10-14　深化幕墙模型

（2）幕墙大曲线立面系统 BIM 实施

项目北侧 230 m 幕墙大曲线立面系统扭转角度达 38.1°,幕墙玻璃最大规格达 1.5 m×11 m。项目通过 BIM 参数化建模分析,基于龙骨扭转数值及龙骨整体深化设计,确定双曲面扭转部位的陶板幕墙龙骨扭转数值,采用绝对坐标＋网格相对距离的幕墙安装控制技术,对幕墙安装测量放线进行双重控制。

基于 BIM 模型进行幕墙分格点位坐标定位,采用三维扫描技术生成幕墙骨架点云模型与之对比,复核龙骨安装精度,通过创新设计的双曲面陶板幕墙三维模型调节安装节点,进行角度调整,以转接钢管定尺对双曲面幕墙进行进出控制,利用横龙骨连接角码进行角度调整,最后用锯齿型挂座进行微小调节,保证安装精度,成功解决双曲面陶板安装翘曲问题(图10-15)。

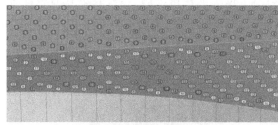

| (a) 优化前翘曲值 | (b) 优化后翘曲值 |

(c) 大曲面深化BIM模型

(d) 幕墙大曲线立面系统施工节点

图 10-15　幕墙大曲线立面系统 BIM 实施

10.3.6　机电工程 BIM 应用

项目为大型综合类场馆,展陈空间高达 45%,针对艺术品的保存和研究标准高,机电管综排布难度大。项目各类电线电缆近 152 万 m,走廊管道排布多达 7 层,管线平均密度是普通项目的 5 倍。

项目全方位、全专业引入 BIM 技术进行模拟建造(图 10-16),提前解决碰撞问题,经 14 轮标高优化,将平均标高提升 0.35 m,最大程度满足建筑使用需求。设计阶段,利用 BIM 可视化优势综合考虑支吊架、预留洞口、检修空间和施工距离等因素对管线进行优化(图 10-17),提高管线安装净高,将净高色块图上传平台,供业主及运营单位高效决策。施工前利用 BIM 对管线穿墙、穿楼板区域进行深化设计,一键生成预留的洞口,排查所有的预留洞口,进行信息标识,导出施工图纸指导现场施工。

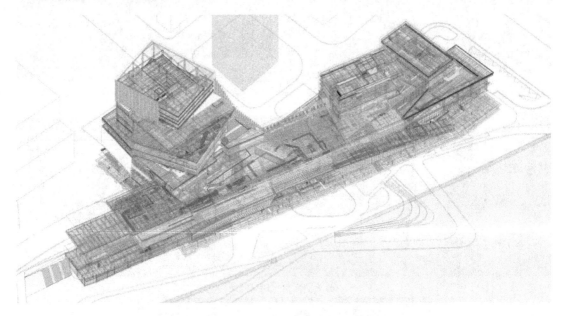

图 10-16　全专业机电管综 BIM 模型

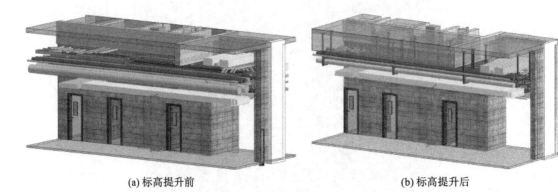

(a) 标高提升前　　　　　　　　　　　　　　　　(b) 标高提升后

图 10-17　BIM 管综优化

10.4　应 用 特 色

项目在实施过程中,通过"BIM+"的应用,尝试探索更全周期的项目建设信息化管理手段,提供全过程的建设控制管理方案,为项目建设提供辅助,真正做到智慧建设。

10.4.1　BIM+智慧工地应用

基于 BIM 的集成化应用,围绕自主研发的 BIM+智慧建造技术实现工程实施全过程的智能化管理,建设项目智慧指挥中心,打造了基于 BIM、5G、AI、物联网和新媒体技术为一体的智慧建造数据管理中心(图 10-18),综合运用 3D 打印、虚拟样板、虚拟运维、全息投影、AI 人工智能及无人机巡航等技术手段实现施工生产智能化和管理智慧化。

图 10-18　三馆合一项目智慧指挥中心

智慧建造数据管理中心分为 BIM、物联、智库、管理和供应链五大板块。平台首页将 BIM 技术与智慧工地相结合实景化展示项目轻量化模型,三维展现三馆合一项目智慧工地建设情况,建立项目 BIM 三维数据中心,可对项目不同建设阶段实施进度模拟,查看相关模型信息。物联设备终端信息位置在模型上进行标注,可快速查询建筑基本信息,查看视频监控、劳务人员实名制、环境监测、电表监控、水表监控、AI 人工智能等内容,自动生成分析数据表和管理报告,辅助现场物联设备管理。平台可实现对项目关键工艺的三维互动学习。管理和供应链板块可对项目质量安全管理和物资进出厂数据进行实时更新和记录。

目前已经研发完成的工程收发文管理系统、事务督办系统等功能将逐步集成到平台,打造更加符合企业管理需求的智慧工地综合管理平台。

自主研发的 BIM 管理平台,经广东省住建厅推荐入选住建部第一批智能建造新技术新产品创新服务案例。

10.4.2　BIM＋VR 的虚拟样板应用

VR 是应用计算机技术使用户在三维动态仿真系统中可以直接对环境进行感知和交互,在仿真环境中接触到现实世界难以准确实现的空间和逻辑信息,强调虚拟体验。而 BIM 是建筑模型构造和信息存储的高度集成,两者结合在项目建设中大有可为。BIM 提供必要的模型和信息,VR 实现区别传统的沉浸式体验,是信息化、可视化的进一步提升,对项目过程管理有极大帮助。

公建项目对质量、建设效果要求高,其外形和内装往往设计特殊,对建筑与装修材料的选择和使用要求高,常规的实体小样或局部样板难以全面展示材料选用的效果,可能会使设计选样出现偏差,从而影响选样定板的效率和结果。项目基于 BIM 模型和 VR 技术,创建了建筑外形和室内剧场的 VR 版样板间。

针对非物质文化遗产中心的虚拟样板设计(图 10-19),在材料库中导入近 50 种设计材料,结合场景灯光布置对设计方案进行逐个渲染。在 VR 技术加持下,将样板材料植入建筑信息模型,利用 VR 技术对实体样板进行预演,通过 VR 眼镜,体验者仿佛走入真实样板间,获得沉浸式体验,对局部或整体有更加直观的样板效果体验。最终结合馆方需求完成三种方案设计,提前推进剧场精装材料定样定板进度。

(a) 幕墙外立面虚拟样板效果　　　　　　(b) 非物质文化遗产展示中心虚拟样板效果

图 10-19　虚拟样板应用

相较于传统的定样定板制度和异地样板效果,采用了 BIM＋VR 的虚拟样板技术,施工、监理、设计、建设等单位在平台上可详细了解每个部位的材料、设备的品牌、型号、规格、材质、色彩、功能等,还可以通过网页及时发送给选样者查看,若需要更改,可在材料库里快速提取,直接在虚拟样板间替换,极大提高了效率和效果。各方通过材料调整功能从资源库实时调整,辅助定板定样,提高决策效率。项目成果申请获得软件著作权利一项。

10.4.3　BIM＋MR 可视化验收与运维模拟

项目各类机房数量共 188 个,设备 2200 台,土建、机电、精装穿插作业多,施工难度高,设备管理难度大。项目结合机电 BIM 机房模型和微软 hololens 眼镜系统,将机房施工及运维实况与 BIM 虚拟数字模型利用混合现实虚拟技术呈现,实现可视化验收,同时可对比机房设备施工实景效果及施工进度,以辅助合理安排施工工序。

项目将 BIM＋MR 这一智慧运维理念应用于项目机组运维,通过 hololens 眼镜系统接入项目制冷机房及冷源群控信息平台,可实时查询相应设备的品牌、型号、功能、使用说明、施工记录、维保记录、检修方法以及关联设备等信息,实现虚拟平台数字孪生与项目机房机组的智慧化运维管理(图 10-20)。

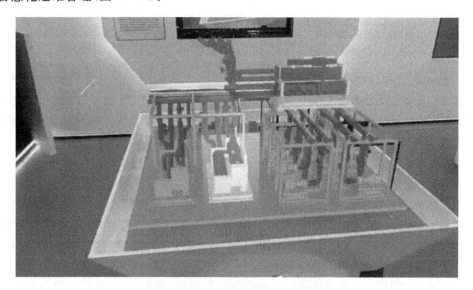

图 10-20　可视化验收与运维模拟

10.4.4　BIM+关键工艺三维交底

项目借助 BIM 模型制作定制化项目高支模、型钢悬挑式脚手架、盘扣式脚手架等 15 项关键施工工艺三维交底,区别于传统的交底方式,通过信息化、游戏化的手段,基于 BIM 技术及游戏引擎,提供了一种高标准化、可视化、便利化、可追溯、可考核的交互式仿真技术交底新思路。针对相应的管理人员或施工人员由技术负责人在智慧展厅进行交底学习,并进行考核评价,根据结果实行分级管理,对不合格人员进行再教育、再评价。BIM 三维交底平台界面如图 10-21 所示。

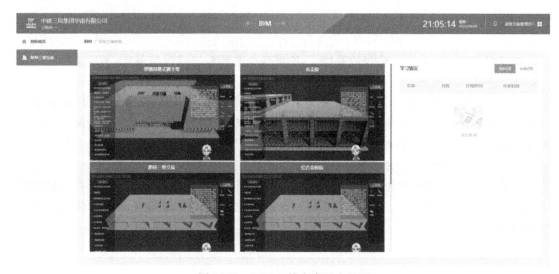

图 10-21　BIM 三维交底平台界面

10.5　项目总结及未来规划

10.5.1　项目总结

EPC 模式下全过程数字化 BIM 应用,以 BIM 技术为应用核心,在设计优化、成本节约、施工保障、施工品质提升方面为项目开创效益,进一步凸显了"三馆合一"的标杆型建筑影响力,为项目推进注入了强大动力,充分调动了信息数据,为智慧工地累积宝贵数据资源,为工程创造了显著的应用价值。

（1）设计应用价值

本项目采用 BIM 全过程设计管理平台,为项目各参建方提供即时可视的工作环境,轻量化模型平台显著提高了沟通协调效率。针对异型多合一场馆建设 BIM 推进,各专业主动采用了正向设计和大量参数化模板,将正向设计成果进行总结和转化,推动建立标准化族库,提高了设计效率,降低了设计难度,实现了大型综合类文化场馆的高标准设计。

（2）施工应用价值

项目各专业借助 BIM 提前推进设计优化和图纸审查,借助 BIM 技术在可视化、协同性、模拟建造上的显著优势,实现项目全专业施工应用。利用三维模型模拟施工过程,使各专业协同工作,及时发现问题并调整设计,避免材料浪费,以降低风险,有效地提高了项目施工深化设计的质量和效率,以最低成本为工程建设提供了技术保障,通过优化、对比综合确定最优方案,保证工程建设的同时节约成本,缩短工期,保障项目的高质量施工。

（3）综合管理价值

项目借助"BIM+"技术的应用,实现项目智慧工地物联管理、虚拟看样定板、关键工艺交底及可视化验收与运维,推动 BIM 结合精益建造对施工现场的人、材、设备终端等资源进行集中管理,同时实现项目现场流程标准化、管理数字化、决策智慧化,实现虚拟信息化管理与实体建设之间的有机融合,推进项目建设信息化,确保科学决策。

10.5.2　未　来　规　划

未来将在完善项目平台建设的基础上,确保各个平台板块能顺利落地,实现项目应用成果的进一步输出和转化。

①基于本项目定制化的二次开发和知识沉淀,结合现有 BIM 信息管理平台,集成企业三维设计知识库,进行三维模型构件的信息管理,快速实现标准化 BIM 模型成果数据资源库及二次开发应用平台,将实现模型转换、预览、集成及共享,大幅提升 BIM 管理及应用沟通效率,将现有成果实现持续性转化。

②进一步加强 BIM 设计成果的转换能力,探索不同信息系统环境下的 BIM 信息融合技术,充分挖掘 BIM 模型在施工期和运维期的潜能,实现可复制式的全生命周期信息的无缝流转模式。

后　记

经过编写人员一年多的精心筹备,本书终于与广大读者见面了。我们很荣幸作为广东省工程建设数字化转型升级大浪潮的参与者,见证广东省积极响应国家政策取得飞速发展。

我们一路走来,经历过很多失败,也收获了很多"小确幸"。越来越多的同道中人加入我们,向着共同的目标努力。我们积极吸取 BIM 先进经验,参与广东省住建厅的第一部 BIM 政策发布,成立广东省 BIM 技术联盟,牵头主编广东省第一部 BIM 标准,举办广东省 BIM 应用大赛……今天,世界气象中心(北京)粤港澳大湾区分中心,广州国际文化中心,佛山粤剧院,广东美术馆、广东非物质文化遗产展示中心、广东文学馆"三馆合一"等一批批优秀的本土工程项目涌现,越来越多的人从中看到,建筑数字化让设计更美观、让施工更安全、让建筑更智能,为城市绿色、低碳、智慧发展保驾护航。

2019 年,中共中央国务院出台《粤港澳大湾区发展规划纲要》,广东省建筑业在粤港澳大湾区日益深化交流的进程中得以焕发活力,港珠澳大桥、深中通道、黄茅海跨海通道、广深港高铁等超级工程一笔笔勾勒出无限美好的明天。搭乘建筑数字化技术快车,从智能建筑直通智慧城市、大湾区城市集群,助力广东省建筑业实现"走出去"的远大宏图。

"征途漫漫,唯有奋斗",在工程建设数字化的道路上,只有不断进取,以开放、包容的胸怀,拥抱人工智能、大数据、云计算、物联网、区块链……才能真正抵达建筑行业的新彼岸。

最后让我们为中国成为建筑强国、走向世界携手奋进!